U0673807

新型职业农民培育系列教材

果树生产与经营管理

高　萍　孙德富　王东海　主编

中国林业出版社

图书在版编目(CIP)数据

果树生产与经营管理 / 高萍，孙德富，王东海主编.
— 北京：中国林业出版社，2016.7
新型职业农民培育系列教材
ISBN　978-7-5038-8622-5

Ⅰ. ①果… Ⅱ. ①高… ②孙… ③王… Ⅲ. ①果树园
艺－技术培训－教材 Ⅳ. ①S66

中国版本图书馆 CIP 数据核字(2016)第 157967 号

出　版　中国林业出版社(100009　北京市西城区德内大街刘海
　　　　胡同 7 号)
E-mail Lucky70021@sina.com　电话 (010)83143520
印　刷　北京市文星印刷厂
发　行　中国林业出版社总发行
印　次　2016 年 7 月第 1 版第 1 次
开　本　850mm×1168mm　1/32
印　张　8.25
字　数　220 千字
定　价　26.00 元
(凡购买本社的图书,如有缺页、倒页、脱页者,本社发行部负责调换)

《果树生产与经营管理》

编委会

主　编　　高　萍　　孙德富　　王东海

副主编　　李全法　　张翠梅　　柯善祥

　　　　　李海英　　刘会学　　罗育才

编　委　　（按笔画排序）

　　　　　王飞翔　　王克贵　　王星奎

　　　　　刘　艳　　李以文　　李建清

　　　　　吴晓辉　　张仲芹　　张　红

　　　　　陈爱军

前　言

　　果树是我国农业的重要组成部分,其产值居我国种植业的第三位。我国是世界上栽培果树最古老、种类最多的国家,种质资源丰富,种植面积与总产量都居世界第一。随着果树产业的发展及其在国民经济中重要地位的确立,加强果树生产与经营管理的学习,对提高我国果树生产量,促进农业发展均有重要意义。

　　本书在编写时力求以能力本位教育为核心,语言通俗易懂,简明扼要,注重实际操作。主要介绍果树生产概述、果树生产技术、苹果生产、柑橘生产、梨的生产、桃的生产、核桃的生产、荔枝的生产、香蕉的生产、草莓的生产、龙眼的生产、果树病虫害的防治、果树苗木及出圃生产经营管理等内容。本书既可作为有关人员的培训教材,也可作为果树生产经营者的参考书。

编　者

目　　录

模块一　果树生产概述

第一节　果树栽培概述

一、果树栽培的发展趋势

自 20 世纪 50 年代以来,世界果品生产经过多轮的发展与竞争,虽然有起有落,但总的发展趋势是相对稳定和逐渐上升的。一方面,随着总人口的不断增加,对果品的总需求也随之上升;另一方面,由于人们生活水平的提高和对健康的日益重视,人均消费水平也有一定的增加,而且对果品的质量要求将更为严格。改革开放以来,随着农业结构的调整,我国果品生产取得了长足的进步,但人均占有量与世界人均水平相比仍然有较大的差距,且在品质上落后于国际市场的要求。全面了解国内外果品生产与市场,加快引进和选育高产优质良种,提高果园栽培管理水平,推进果业的优化升级,是我国果品生产的未来目标和方向。综观国内外果品生产的现状和发展前景,果树栽培的发展趋势大体表现为以下 5 个方面。

(一)适应绿色食品要求的果树栽培

绿色食品也称为生态食品,是指按照特定生产方式生产,并经国家相关专门机构认定,许可使用绿色食品标志的无污染、无公害、安全、优质的营养性食品。根据绿色食品（果品）的要求，果树必须生长在无污染的环境中，栽培过程中不施用化肥和化学农药，并严格控制灌溉用水的水质和严防施肥所带来的污染物。在果树栽培中还应倡导推广抗病品种、使用生物农药和实行病虫害综合防治。

（二）高新技术在果树栽培中的应用

科学的发展和新技术的应用促进了果树栽培的进步和果品产量及品质的提高。应对市场上对果品均衡上市的要求，可通过调整品种结构（早熟、中熟和迟熟品种合理搭配）和反季节栽培、设施栽培及延迟栽培等人工控制措施得以实现。计算机和信息技术与果树栽培管理相结合，实现生产环节的自动控制，甚至是工厂化生产，将是未来果树栽培的发展方向。

（三）提高果树早期产量和改善鲜果品质

多数果树栽植 3～5 年后才能结果，造成生产周期长、投资回收慢和市场预期不确定性。因此，提前结果和早期丰产一直是果品生产者所追求的重要目标之一。由于优良品种、矮化密植、调控技术和大龄树高位嫁接等技术的推广应用，果树栽植可以提前结果 1～3 年，甚至达到当年结果，使丰产期提前 2～3 年到来。估计在今后的果园栽培管理中，早结丰产栽培技术及栽培规范的应用将成为新建果园的主流栽培管理模式。

鲜果品质包括外观品质（果形、大小、颜色等）和内在品质（营养、风味、香气、保健功能等）。随着生活水平的提高，人们对鲜果品质的要求更高，特别是在国际市场和国内高端消费市场上，鲜果品质是决定其市场竞争力的最重要因素。鲜果品质既决定于品种特性（种性），又与栽培管理水平密切相关。因此，有效地防治病虫害，减少化肥使用和增施有机肥，适时适当地修剪和疏花疏果,是目前提高鲜果品质较为有效的技术措施。

(四)生产的社会化

生产社会化是栽培规模扩大和集约化经营的必然要求。随着生产经营规模的不断扩大,独家独户完成大面积果园的栽培管理全过程越发困难,必然对一些大宗作业的社会化服务,如生产资料供应、机耕、施肥喷药、采收包装、技术咨询和信息服务等产生需求。同时,随着栽培规模的扩展,必然导致产量的大幅度增长,催生了区域性的鲜果供应和配送中心,对生产过程的规范化和产品质量的标准化必然提出越来越高的要求。在专业化生产、区域化布局、产供销一体化的基础上,将形成生产者、销售者和社会化服务有机结合的产业联盟或松散联合的专业合作社。

(五)果树种类的多样化和优良品种的规模扩张

果树种类的多样化主要体现在两个方面:一是在注重主流水果的同时,也关注小品种水果的发展,形成多样化果树栽培的格局;二是重视同一种类内部的品种多样化,形成不同采收期、不同特性和不同市场定位的品种的合理搭配。此外,自20世纪60年代以来,随着果树集约化栽培的兴起和鲜果商品化程度的提高,不同国家和地区之间果树品种的贸易和交流导致相互引种日益频繁,使优良品种在世界范围内栽培成为可能。例如,猕猴桃品种"海沃德"是20世纪30年代在新西兰培育而成的,已经在世界上各猕猴桃产区广泛栽培,成为各地的一个重要的主流品种。类似的还有原产于广东的龙眼优良品种"石硖"和"储良"。

二、果树栽培的特点

果树栽培与作物栽培和其他植物栽培相比,既有共同的理论基础和一些相同的技术方法,也有其自身的显著特点。

(一)种类多

果树既有乔木型的银杏、荔枝、龙眼和芒果等株型高大的果树,灌木型的树莓、石榴、刺梨和金橘等株型较小的果树,也有藤本的猕猴桃、西番莲、葡萄和罗汉果等棚架上生长的果树,还有草本的菠萝、草莓、香蕉和番木瓜等,它们的生物学特性、生长环境要求和栽培技术有很大的差异。

(二)生产周期长

多数果树为木本植物,栽种当年通常不结果,一般要 3~5 年才进入结果期,5~7 年才能达到丰产期。从果树的幼年期至成年期,其栽培管理有一定差异。由于大多数果树是多年生植物,进入结果期之后,往往能连续多年收获,长达十多年甚至几十年。因此,果园的栽培管理及园艺措施有较为固定的周期性。

(三)集约型

相对于农作物和其他植物,单位面积果园所投入的人力、物力较多,管理较精细,而且更多地依靠人工作业。但是,果品属高值农产品,经济效益也较大。集约经营适合我国人多地少的国情,对劳动者的素质有较高要求。

(四)鲜果是主产品

大多数果树是以鲜食果实上市提供消费者直接食用的,但不同种类的果品鲜食和加工的比例各有差异。因此,果品的储藏保鲜在果业中有重要的地位和作用,果树栽培不仅要考虑高产和优质,也必须重视种类、品种和栽培技术对果品储藏和加工性能的影响。

第二节　果树分类

我国地大物博，从南到北气候条件差异较大，造成果树种类繁多，特性各异，各地都有较适于当地生长的果树种类。为了果树研究者和生产者更好地指导各地果树生产，果树通常采用以下两种分类方式。

一是植物学分类方法。这种分类方法是根据植物系统分类法进行分类，比较严谨，它要求了解果树的亲缘关系和系统发育。这种分类方法对果树的引种、选种、育种和一些野生果树资源的开发利用具有重要的指导意义。

二是园艺学分类方法。这种分类方法是根据生物学特性或生态适应性，对栽培特性相近的果树进行分类。这种分类方法虽然不如前一种分类方法严谨，但对果树生产栽培具有实用意义。

对果树学习者来说，两种分类方法都应很好地掌握，对今后从事果树生产栽培会有很大帮助。

一、植物学分类

一般在栽培中，分类到科即可，有时也分类到种。

二、园艺学分类

(一)根据冬季落叶情况分类

(1)落叶果树。于秋季集中落叶，多为北方树种，如苹果、核桃、桃、李、板栗、葡萄等。

(2)常绿果树。不集中落叶，多为南方树种，如柑橘类、荔枝、龙眼、枇杷、杨梅、芒果等。

(二)根据植株形态特性分类

(1)乔木果树。树体高大,有明显主干、明显主枝,地上部结构较为明显,如梨、银杏、山楂、橄榄等。

(2)灌木果树。树体相对矮小,无明显主干,分枝性强,萌蘖性强,如树莓、醋栗、蓝莓等。

(3)藤本果树。枝条藤状,一般多用棚架栽培的方式,如葡萄、猕猴桃、罗汉果等。

(4)草本果树。属于草本植物的果树,如草莓、菠萝、香蕉、番木瓜等。

(三)根据果实结构分类

(1)仁果类。属蔷薇科。果实由子房和肉质花托共同组成,假果,果肉厚,种子小且多,食用部分主要为花托,果实大多耐运,鲜果供应期长,如苹果、山楂、梨、木瓜、枇杷等。

(2)核果类。属蔷薇科。果实主要由子房发育而成,真果,内有核,一般一枚,核坚硬,并且核内有种子,果实多柔软多汁,果皮较薄,不耐储运,如桃、李、樱桃、芒果等。

(3)浆果类。果实构造树种间差异较大,但这类果实富含汁液,大部分不耐储运,如葡萄、猕猴桃、番木瓜、人心果、柿、无花果、树莓、蓝莓、草莓、君迁子等。

(4)坚果类。果实外部多有坚硬外壳,内有种子,种子富含脂肪、蛋白质、淀粉等,食用部分为种子,果实含水量少,多为干果,耐储运,营养价值极高,如腰果、核桃、榛子、板栗、阿月浑子(开心果)等。

(四)根据果树生态适应性分类

(1)寒带果树。如山葡萄、榛子、醋栗等。

(2)温带果树。如苹果、李、杏、核桃、枣、梨等。

(3)亚热带果树。其中又分为:①落叶性亚热带果树,如扁桃、无花果、石榴、猕猴桃等。②常绿性亚热带果树,如荔枝、柑橘类、龙眼、橄榄、杨梅等。

(4)热带果树。其中又分为:①一般热带果树,如番荔枝、人心果、菠萝、香蕉、番木瓜等。②纯热带果树,如榴莲、可可、山竹、面包果、槟榔等。

三、果树树种

北方常见果树的植物学分类与主要形态特点如下:

(1)普通苹果。蔷薇科,苹果属。乔木,一年生枝红褐色至黄绿色,顶端有少量绒毛。皮孔明显,白色。花芽圆锥形,饱满;叶芽三角形,较小;单芽互生。叶缘锯齿钝。果实多近球形,红色、黄色或暗绿色;果柄短,萼片宿存。

(2)海棠。蔷薇科,苹果属。乔木,有多种类型,为半栽培种。各性状与苹果相似,但果实小于苹果,多为圆形或长圆形,果梗细长。果面黄或满红,萼片宿存。

(3)沙果。蔷薇科,苹果属。乔木,各性状与苹果相似,果实扁圆形,果面黄或满红,果点稀,果梗短,萼片宿存。

(4)山定子。蔷薇科,苹果属。乔木,枝条较苹果细,芽小。果很小,果梗细长。

(5)秋子梨。蔷薇科,梨属。乔木,幼树多刺,一年生枝绿或黄绿,老枝灰黄色或黄褐色。叶边缘有刺芒状锯齿。果多近球形,黄色或暗绿色;果柄短,萼片宿存。

(6)西洋梨。蔷薇科,梨属。乔木,枝条直立,有的品种有刺。枝条灰黄色或紫褐色,叶缘为圆钝锯齿或全缘。果梗粗短,萼片宿存多内卷。

(7)沙梨。蔷薇科,梨属。乔木,枝条直立,叶片宽大,阔卵形;果实多圆形,少数为长圆形或卵形,萼片一般脱落,少数宿存。

(8)白梨。蔷薇科,梨属。乔木,一年生枝多紫褐色,幼叶多紫红色或棕红色,叶缘有尖锐锯齿。果实多倒卵形或圆形,黄色或绿色;果梗长,萼片脱落或半脱落。

(9)普通桃。蔷薇科,桃属。乔木,树皮暗红褐色,老时粗糙呈鳞片状。嫩枝细长,无毛,向阳面多为红色。芽为钝圆锥形,外被短柔毛,复芽。叶片披针形。果实圆形或扁圆等,有毛或无毛。

(10)山桃。蔷薇科,桃属。乔木,树干光滑,枝细长,果实圆形,不能食用,成熟时干裂。

(11)中国李。蔷薇科,李属。乔木,叶为倒卵圆形,锯齿细密,叶面有光泽,无毛。果实圆形或长圆形,顶端稍尖,果皮有黄色、红色、暗红色,果粉厚。

(12)普通杏。蔷薇科,杏属。乔木,树皮黑褐色,有不规则裂纹,一年生枝浅红褐色,有光泽。叶片卵圆形或阔卵圆形,先端渐尖,叶缘锯齿细而钝。果实有圆形、扁形等,果面具短茸毛。

(13)辽杏。蔷薇科,杏属。乔木,嫩枝绿色或浅褐色,叶片卵圆形或宽椭圆形,叶缘锯齿细而深,为重锯齿。果个小,近圆形,黄色,有红晕或红点。

(14)山楂。蔷薇科,山楂属。乔木,树皮粗糙,灰色或褐色,有刺或无刺。当年生枝条紫褐色或暗褐色,无毛。叶片宽卵形,先端短而渐尖,叶面有光泽,叶背有疏生短柔毛。果实近球形,深红色,有浅色斑点。

(15)山里红。蔷薇科,山楂属。灌木或乔木,树皮较粗糙,有刺,当年生枝条灰白至褐色。果个小,圆或扁圆形,果皮鲜红色;果点灰白明显。

（16）甜樱桃。蔷薇科,樱桃属,也称大樱桃、洋樱桃。乔木,枝干灰褐色,枝条粗。叶大而厚,灰绿色或暗绿色,卵形或倒卵形,有细锯齿,叶柄长。果个大,红、黄或紫红色。

（17）酸樱桃。蔷薇科,樱桃属。灌木或乔木,枝干灰褐色,枝条细而密。叶小而厚,灰绿色或暗绿色,卵形或倒卵形,有细锯齿,叶柄长。果个中大,红或紫红色。

（18）毛樱桃。蔷薇科,樱桃属。灌木,枝、叶、果均被短绒毛。叶小,倒卵形或椭圆形,叶面有皱纹,叶缘有粗锯齿。果个小,呈圆形或柳圆形,果梗极短。

（19）欧李。蔷薇科,樱桃属,又称钙果。灌木,枝条细、无刺,叶片呈倒卵圆形。果实有圆形或扁圆形等,有红色、黄色、紫色等。

（20）草莓。蔷薇科,草莓属。草本,叶为三出复叶,叶柄较长。果面为深红色、浅红色或朱红色。

（21）果桑。桑科,桑属,又称椹莓。灌木或乔木,叶片互生。果实有长圆形、球形等,因品种不同有红、黄以及深紫红色之分。

（22）树莓。蔷薇科,悬钩子属。灌木,枝有刺或无刺。叶为奇数羽状复叶,带有 3～5 片小叶。果实为聚合果,形状有圆头形、圆锥形和半球形等,颜色有红、黄、黑等。

（23）葡萄。葡萄科,葡萄属。藤本,叶呈掌状,一般 3～5 裂,多数 5 裂,也有的全缘。果穗有圆锥形、圆柱形等。浆果的形状有圆形、长圆形、鸡心形和卵形等。

（24）蓝莓。越橘科,越橘属。灌木,单叶,互生,叶有锯齿或全缘。花白色或粉红色,花萼筒状。果实小,多为蓝至黑色,也有红色。

（25）醋栗。醋栗科,醋栗属,别名灯笼果。茎上有刺。叶掌状 3～5 裂,叶近革质有光泽,叶背面有密茸毛。果实绿色,近圆形,萼片宿存,成熟后的果实变成黄色或紫红色。

(26)猕猴桃。猕猴桃科,猕猴桃属。老蔓及多年生枝灰色,树皮扭曲片状开裂,有微黄色皮孔。叶片膜质或纸质,叶卵圆形或长宽卵形,先端渐尖至急尖,叶缘有锐锯齿,有白色刺毛。果实卵圆形,绿色。

(27)核桃。核桃科,核桃属。乔木,树皮灰白色,光滑,老树皮有开裂,嫩枝为绿色。叶为基数羽状复叶,全缘或有波状的粗浅锯齿。

(28)榛子。榛科,榛属。灌木,多年生枝灰褐色,粗壮;一年生枝灰褐色。叶倒卵形,先端平截或凹缺,叶缘细尖锯齿。小枝、叶柄、叶下面和果苞被长柔毛。

(29)板栗。山毛榉科,栗属。乔木,树干和多年生枝灰褐色,树皮粗糙有纵裂沟;一年生枝粗壮,灰褐色,先端有毛。叶长卵圆形或阔披针形,深绿色,叶面革质有光泽,叶缘粗锯齿。果皮有光泽或有少量白绒毛。

(30)普通枣。鼠李科,枣属。乔木,树干和老枝浅灰色,片裂或龟裂,枝光滑无毛,有针刺。叶小,互生,为长椭圆形或卵状披针形,叶柄短。果实长圆形,暗红色。

(31)酸枣。鼠李科,枣属。灌木或乔木,枝干与枣相同,枝条有刺,幼枝灰色。叶细而小,卵圆披针形。果圆而小,红色。

(32)无花果。桑科,榕属。乔木,叶片互生、革质,为圆形或倒卵形,掌状单叶 5~7 裂,叶面粗糙,叶背有锈色硬毛。果实有扁圆形、球形和坛子形等,果皮因品种不同有绿、红、黄以及深紫红色之分。

(33)石榴。安石榴科,石榴属。灌木或乔木,嫩枝有棱,成长后则枝条圆滑,枝先端呈针刺状。叶对生或丛生,质厚,全缘,长椭圆形或长倒卵形,先端稍尖,有光泽。果皮厚,红色或黄褐色等。

第三节　果树的结构及生长发育

一、果树结构

在长期的果树生产过程中,为了方便果树研究和果树栽培管理,人们把果树分为地上部和地下部两个部分。地下部是果树的根系部分,是果树的重要器官之一;地上部与地下部交界处称为根颈;地上部分由主干和树冠组成(见图1-1)。

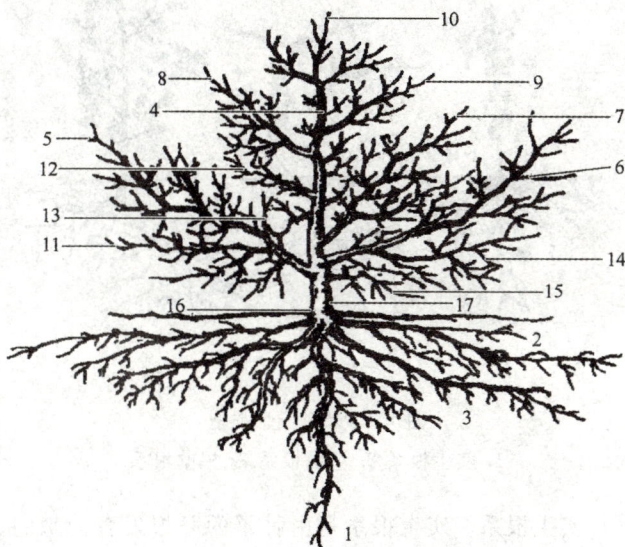

图 1-1　果树树体结构

1. 主根 2. 侧根 3. 须根 4. 中心干 5～9. 第一、二、三、四、五主枝

10. 中心干延长枝 11. 侧枝 12. 辅养枝 13. 徒长枝 14. 枝组

15. 裙枝 16. 根颈 17. 主干

（一）地下部

果树根系的功能之一是固定植株；功能之二是吸收养分、水分；功能之三是储藏，尤其落叶果树中根系的储藏作用最为重要；功能之四是合成激素，如生长素、细胞分裂素等，促进成花，这些激素只有在根中才能产生，其他部位不能产生；功能之五是繁殖。

1. 果树的根系类型

按照根系的发生和来源分为以下三种类型（见图1-2）。

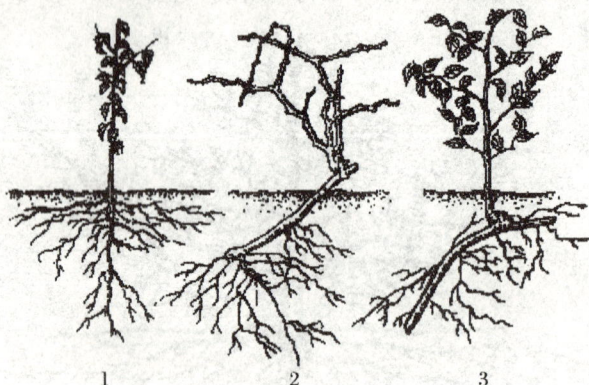

图1-2　果树根系类型

1. 实生根系 2. 茎源根系 3. 根蘖根系

（1）实生根系。实生根系是由种子的胚根发育而来的。具有主根发达，分布较深、较广，对土壤的适应能力强等特点，但生理年龄小，变异性大。如苹果、梨、杏等果树的实生根系都属于此类根系。

（2）茎源根系。茎源根系是用枝条繁殖时，茎上的不定根形成的根系。特点是主根不发达，分布较浅，生活力相对较弱，能保持母体性状，个体间差异不大。如葡萄、无花果、草莓这些用扦插、压条等繁殖方式得到的苗木所形成的都是茎源根系。

（3）根蘖根系。根蘖根系在根段上萌发的不定芽发育成植株，与母体分离后成为独立个体形成根蘖苗。根蘖苗所具有的根系称为根蘖根系，特点与茎源根系类似。如山楂、枣、石榴等分株繁殖的个体所具有的根系都是根蘖根系。

2. 根系结构

大多数果树是实生根系，由主根、侧根和须根 3 个部分组成。主根是由种子的胚根发育而来的，垂直向下生长，寿命最长。着生在主根上的粗大分枝为侧根，它与主根构成根系的骨架，称为主干根。而侧根上着生的较细的根称为须根，须根短而细，并且不同种类差异很大。须根一般在营养末期死亡，而未死亡的就可以发育成骨干根。

须根根据功能和构造又可分为生长根、吸收根、过渡根、输导根 4 类。

（二）地上部

1. 树干

树干是指树体地上部的中轴部分，分为主干与中心干两部分。

主干是指根颈到第一主枝之间的部分。它对树体起支撑作用，是根系与树冠之间输送水分和养分的通道，兼有储藏养分的作用。主干是地上部最早形成的部分，一般进行一个生长季的加长生长，以后每年只进行加粗生长。

中心干是指主干以上到树顶之间的部分，起维持树形和树势的作用。但有些果树树形只有主干，没有中心干。

2. 树冠

树体主干以上的部分称为树冠。它由骨干枝、结果枝组和叶幕构成。树冠的形状称为树形。树冠通常用冠高和冠径来描述。树冠上下缘之间的距离称为冠高,树冠东西和南北之间的距离称为冠径,从根颈或地面到树冠顶端的距离称为树高。衡量树冠一般以树高、冠径及骨干枝的数量、结构和分布作为指标。

(1)骨干枝。骨干枝是指构成树冠骨架的永久性枝。分为中心干、主枝和侧枝三级。骨干枝的数量、大小、着生状态、分布排列状况等决定树体形状、大小和结构,也是果树优质丰产的关键因素。

(2)枝组。枝组又称为结果枝组,指着生在各级骨干枝上、有两个以上分枝的小枝群,是构成果树树冠和叶幕以及生长结果的基本单位。结果枝组因体积、结构、形态、姿势及着生部位等不同可分为多种类型,在果树生产实际中,结果枝组有许多不同的名称。

结果枝组以其体积大小分为大型、中型和小型枝组;以其所含枝条多少和疏密程度分为紧密型和松散型枝组;以其分枝情况不同分为多轴式和单轴式枝组;以其着生部位不同分为背上枝组、背下枝组、侧生枝组;以其着生方向不同分为直立枝组、水平枝组、下垂枝组、斜生枝组等。在整形修剪上按适当比例合理配置各类枝组是果树优质丰产的重要技术措施。

(3)辅养枝。辅养枝指着生在树冠中的非永久性大枝。在整形修剪过程中,根据果树不同的生长发育时期,确定辅养枝的部位和数量,可以增加果树早期枝叶量,充分利用空间,辅养树体,同时可促进果树提早成花结果,实现早期产量。

(4)叶幕。果树叶幕是指在树冠内集中分布的与树冠形态相一致的叶群体。适当的叶幕厚度和叶幕间距,是合理利用光能的基础。多数研究表明:主干疏层形的树冠叶幕厚度为50～

60厘米,叶幕间距为80厘米,叶幕外缘呈波浪形是较好的丰产结构。

3. 芽

芽是花、叶、枝的原始体,是果树渡过不良环境和形成枝、花过程中的临时器官。与种子类似,可作为繁殖器官,形成新的植株。

1)分类

芽的分类方法很多,同一个芽用不同的分类方法可有多个名称。

(1)依着生位置不同分为顶芽和侧芽。顶芽指着生在枝条顶端的芽;侧芽指着生在枝条侧面叶腋间的芽。

(2)依芽的性质分为叶芽、花芽。叶芽指只具有雏梢和叶原始体,萌发后形成新梢的芽。花芽又分为纯花芽和混合花芽,纯花芽指萌发后只开花结果不抽生新梢的芽;混合花芽指萌发后先长一段新梢,再开花结果的芽。

(3)依同一节上芽的数量分为单芽和复芽。一节上只着生一个芽称为单芽,如梨、苹果等;一节上着生两个以上的芽称为复芽,如桃、李等。

(4)依芽的生理状态分为活动芽和潜伏芽。在上一生长季形成的芽,在下一生长季能萌发的芽称为活动芽;而在下一生长季或连续几季不萌发的芽称为潜伏芽。

(5)依芽在叶腋间的位置和形态分为主芽和副芽。着生在叶腋中央,较大且充实的芽称为主芽,主芽一般当年不萌发;着生在主芽两侧或上下方的芽称为副芽,副芽一般比主芽小。

2)性质

(1)芽的异质性。在芽的发育过程中,由于树体营养状况和外界环境条件的不同,同一枝条上不同部位的芽在形态和质量上存在差异的现象,称为芽的异质性。

(2)早熟性。一些果树新梢上的芽当年就能大量萌发并可连续分枝,形成 2 次或 3 次梢,这种特性称为芽的早熟性,如葡萄、枣、杏等。

(3)萌芽力。一年生枝条上的芽能够萌发的能力称为萌芽力。萌芽力用萌芽率表示。萌芽率指枝条萌芽数占总芽数的百分率。

$$萌芽率 = \frac{萌芽数}{总芽数} \times 100\%$$

(4)成枝力。枝条上的芽萌发后能抽生长枝的能力。成枝力用抽生长枝的数量多少表示,一般抽生长枝数 2 个以下者为弱,4 个以上者为强。

(5)顶端优势。顶端优势指枝条上部的芽萌发后形成的新梢生长势较强,向下生长势依次减弱,最下部的芽处于休眠状态。

(6)干性。中心干生长势的强弱和维持时间的长短。

(7)层性。中心干上的大枝成层分布的特性。

4. 枝

枝是由芽抽生而来的。枝和由它长成的各级骨干枝构成树冠,其上着生叶、花、果。枝是果树的主要支撑器官、运输器官、繁殖器官和储藏器官。枝的类型很多,生产上常按以下几种方法进行分类:

1)依枝条的年龄分类

枝按年龄分为新梢、一年生枝、二年生枝和多年生枝。芽萌发抽生的枝条至当年落叶前被称为新梢,未木质化的新梢称为嫩梢;新梢秋季落叶后到第二年萌芽前被称为一年生枝;一年生枝上的芽萌发新梢后则此段枝条被称为二年生枝,依此类推。

二年生以上的枝条也通常统称为多年生枝。

2)依枝条抽生的季节分类

枝按季节分为春梢、夏梢、秋梢。枝条的年龄通常根据芽鳞痕来判断。芽鳞痕是由于芽萌发后芽鳞脱落形成的。而有些果树的新枝向前延伸的同时由叶腋间当年芽萌发产生分枝,我们称为各级次副梢。新梢叶腋间抽生的分枝称为副梢或二次枝,副梢再抽生的分枝称为二次副梢或三次枝,果台上抽生的为果台副梢。

3)依枝条的性质和功能分类

枝按性质和功能分为营养枝、结果枝、结果母枝。

(1)营养枝。无花芽的枝称为营养枝,分为竞争枝、纤弱枝、发育枝、叶丛枝、徒长枝。普通营养枝生长中等,组织充实;徒长枝生长旺盛,节间长,枝条粗,但不充实;纤弱枝生长很弱,枝细。

(2)结果枝。结果枝有两种:一种是着生花芽或混合芽的一年生枝;另一种是带有果实的新梢。

(3)结果母枝。结果母枝通常指具有混合花芽的一年生枝。结果母枝抽生的结果枝在当年结果的同时又形成混合花芽,成为来年的结果母枝,这种现象称为连续结果。

二、果树生长发育特点观察

(一)果树一生的生长发育

果树是多年生植物,一生经历生长、结果、衰老和死亡的过程。在栽培上通常将果树分为幼树期、初果期、盛果期和衰老期4个年龄时期。

1. 幼树期

从果树定植至第一次开花结果为幼树期。特点是进行营养生长,生长旺盛,枝条多直立生长,节间长,组织不充实,越冬性差。栽培任务是尽快扩大营养面积,调整好各级骨干枝,注意树体结构。

2. 初果期

从第一次结果到大量结果前为初果期。特点是前期仍然是以营养生长为主,枝条多直立生长,随着结果量增多,逐渐转为侧向生长,长枝比例下降,中短枝增多。栽培任务是维持树体结构,缓和树势,增加花芽比例,及早进入盛果期。

3. 盛果期

从大量结果到产量明显下降为盛果期。特点是离心生长基本停止,果实产量和果品质量达到一生中最高峰,新梢生长趋于缓和,花芽大量形成,此时稍不注意会出现大小年现象。栽培任务是处理好生长与结果之间的关系,既不衰弱树势,又能满足高产优质,应尽量延长盛果期的时间。

4. 衰老期

从产量、品质明显下降到树体死亡为衰老期。特点是结果量和果实品质明显下降,树势衰弱,骨干枝死亡。栽培任务是更新复壮,无改良价值的要及时砍伐,补栽新树。

(二)果树的年生长发育

果树的年生长发育随外界环境条件的变化,出现生理与形态的变化,并呈现一定的规律性。

北方落叶果树一年中主要分为生长期和休眠期两个阶段。生长期指从果树春季萌芽到秋季落叶的过程。在生长期中,果树形态变化明显,如萌芽、展叶、开花、结果。休眠期指从秋季落叶后到来年春季萌芽前的这段时期。在休眠期时,果树形态基本没有变化。

在一年中果树各器官在形态上和生理上的变化都和一年中的气候变化相关,有一定的规律性和气候性,这种果树器官随季节性气候变化而发生的外部形态规律性变化的时期称为生物气候学时期,简称为物候期。了解果树的物候期对于制订果树的栽培管理措施十分重要。

1. 根系的年生长规律

根系在年周期中没有自然休眠,只要条件适宜都可以生长。根的生长动态,因果树种类、砧穗组合、当年生长与结实状况、外界环境不同有所不同。根的生长是高峰还是低潮取决于以上因素综合作用的结果。金冠苹果在不同物候期根系的生长动态,见表1-1。

表1-1　金冠苹果在不同物候期根系的生长动态

时间	物候期	土层深度	
		0～50cm	50～100cm
3～4月	萌芽	缓慢生长	缓慢生长
4～5月	初花	加快生长,发根数约60条	加快生长,发根数约40条
5～6月	枝条生长、果实生长	生长降低	生长降低
6～7月中	秋梢生长、花芽分化	发根约180条	发根约20条
7月中～8月	秋梢生长、花芽分化	发根数量降低	发根数量降低
8～10月	长梢停长、采收	基本不发新根	基本不发新根
10～12月	落叶	开始发新根约40条	开始发新根约60条
12～3月	休眠	根系停止生长	根系停止生长

2. 芽的生长发育

植物的生长、发育与芽的结构息息相关,芽的结构是植物生长的基础。因为芽是枝、叶、花的基础。芽的生长发育包括芽的形成和芽的萌发两个阶段。芽形成包括芽原基出现期、鳞片分化期、雏梢分化期。

芽萌发标志着果树休眠结束,生长开始。萌芽时,为满足雏梢分化和花器发育,需要把大量营养物质输送到生长点。此时果树还没有制造营养物质,所以主要利用的是储藏的营养物质,因此,萌芽后抗寒力会显著下降。萌芽和萌芽早晚是综合作用的结果,休眠芽需刺激才能萌芽,早熟芽可多次萌发,晚熟芽一般集中在春季一次萌芽。温度也是重要因素之一,北方落叶果树需达到一定的低温量,而且春季温度上升到一定的高度才可萌芽。此外,树体储藏营养充足、空气湿度适当偏小和土壤通气良好都利于萌芽。

3. 枝的生长发育

果树芽萌发后开始进行新梢生长,至新梢顶芽形成为止。包括加长生长和加粗生长。

(1)加长生长。加长生长是指通过顶端分生组织分裂和节间细胞的伸长实现的。开始主要依赖上年的储藏养分,之后进入旺长期时所需能量,主要是当年叶制造的养分。之后进入缓慢生长,生长速度逐渐降低和停止,转入成熟阶段。

(2)加粗生长。它是由于侧生分生组织即形成层不断进行细胞分裂、分化、增大的结果。加粗生长一般略晚于加长生长,一直到落叶后才停止。多年生枝条只有加粗生长没有加长生长。

4. 叶的生长

1)叶的功能与分类

叶片是进行光合作用,制造有机养分的主要器官,也是进行呼吸作用和蒸腾作用的主要器官;对常绿果树而言,叶片也是储藏养分的器官。此外,叶片还具有吸收矿质元素的功能,因而可以进行叶面施肥(根外追肥)。果树叶片大体可分为三类,一是单叶,如仁果类、核果类等;二是复叶,如草莓、树莓等;三是单身复叶,如柑橘类。

2)叶的生长

以单叶为例,包括叶原基分化出叶片、叶柄和托叶,叶片展开、叶片停止增大。果树单叶面积大小取决于叶片生长期和迅速生长期的长短。梨生长期为16~28天,苹果为20~30天,葡萄为15~30天。

3)叶幕的形成

不同树种、品种,不同树势、树龄,叶幕结构有所不同,但叶幕的结构及其在年周期内的动态是衡量果树丰产的重要指标。落叶果树的叶幕在春季萌芽后随着新梢的伸长,叶片不断增加形成。合理的叶幕结构是全树总叶面积最大,而又相互遮阳小。果树叶幕的疏密程度用叶面积指数来衡量,叶面积指数是指单位面积上所有果树叶面积总和与土地面积的比值。多数果树的叶面积指数以3~5较适宜,叶面积指数太高,叶片过多而相互遮阳,功能叶比例降低,果实品质下降;叶面积指数太低,光合产物合成量减少,产量降低。

4)落叶与休眠

(1)落叶。落叶是果树进入休眠的标志。果树的叶片并不能永久生存而是有一定寿命的,在一定的生活期终结时叶片就会枯死脱落。

树木的落叶有两种情况:一种是每当寒冷季节到来,全树的叶片同时枯死脱落,仅存秃枝;另一种是在春季新叶长出后,老叶才逐渐枯落,落叶不是集中在一个时期,从外表看来树木终年是绿的,因而称为常绿树,如荔枝树和柑橘树等。

树木的落叶是内外因共同作用的结果。内部原因是叶片经过一定时期的生理活动,细胞内积累了大量的代谢产物引起叶细胞功能衰退、衰老,直到死亡;外部原因是由于气候寒冷、水分供应不足等不良环境造成叶的枯落。植物体内存在植物激素脱落酸,能刺激叶片的脱落。随着秋天的到来,日照时间缩短,气温降低,脱落酸就大量生成并很快转移到有关部位,促使叶柄基部脱离层的产生,使叶片脱落。

(2)休眠。果树整体或部分在某一时期生长和代谢暂时停滞的现象叫休眠。休眠分为强迫休眠和生理休眠两种。强迫休眠是不利的环境条件引起的,生理休眠是由植物本身造成的。

5. 花的生长发育

花原基形成,花芽各部分分化成熟的过程,称为花芽分化。果树的生长点内开始区分出花(花和花序)原基时叫花的开始分化或花的发端。随之,花器各部分原基陆续分化和生长,叫花的发育。从花原基最初形成至各花器官形成叫形态分化。在此之前,进行着由营养生长向生殖生长的一系列生理、生化转变叫生理分化,如图 1-3 所示。

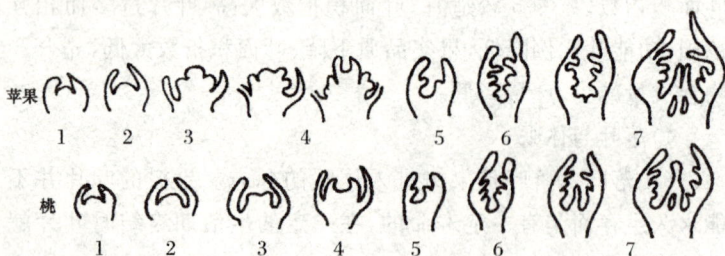

图 1-3　果树花芽分化

1. 叶芽期 2. 分化初期 3. 花蕾形成 4. 萼片形成
5. 花瓣形成 6. 雄蕊形成 7. 雌蕊形成

不同种类和品种的果树花芽分化时期很不一致,即使同一品种,甚至同一植株也因树龄、枝条类型和各种外界条件而有所差异。在一定条件下,花芽分化时期又相对集中和稳定。

6. 果实的生长发育

果树从开花以后,受精的果实在生长期间,体积、果径、重量的增加动态,可以分为 3 个时期——果实迅速生长期、果实缓慢生长期、果实熟前生长期。影响果实增长的因素包括以下几个。

(1)有机营养。果实细胞分裂主要是原生质的增长过程,为蛋白质营养时期。这时需要有氮、磷和碳水化合物的供应。氮和磷除树体供应外,还可施肥加以补充;但幼果细胞分裂期合成蛋白质所需要的碳水化合物,只能由储藏营养供应。因此,树体储藏的碳水化合物可影响果实细胞分裂、影响细胞数量,进而影响果实的大小。

(2)矿物质元素。有机营养向果实内运输和转化有赖于酶的活动,酶的活性与矿物质元素有关。

(3)水分。果实内 80% ~ 90% 为水分,含水量随果实膨大而增加,是果实体积膨大的必要条件。特别是细胞增大阶段,如果水分不足,影响果实体积增大,以后供水也不能弥补。水分也影响矿物质元素进入果实,如干旱可引起果实缺钙。

(4)种子。果实内种子的数量和分布,会影响果实的大小和形状。如玫瑰香葡萄没有种子的果粒比有种子的果粒小得多,苹果、梨果实内没有种子的一面发育不良,果实呈不匀称形。

模块二　果树生产技术

第一节　育苗技术

果树育苗是繁殖、培育优质果树苗木的技术。苗木是果树生产的基础。果树育苗的最终目标是培育纯正、生长健壮、根系发达、无检疫对象及其他病虫害的品种和砧木的优良苗木。果树苗木从繁殖材料和方法可分为实生苗、自根苗、嫁接苗；从砧木特性上可分为乔化苗、矮化苗，其中矮化苗又分为矮化自根砧苗和矮化中间砧苗。各种果树的育苗技术不完全相同，但主要繁殖方法有两大类：一类是有性繁殖，利用种子培育实生苗；另一类是无性繁殖，就是以果树营养器官为繁殖材料培育果苗，因此又称营养繁殖，如嫁接苗、扦插苗、压条、分株法、组培苗即属此类。由于无性繁殖没有果树生产上的童期阶段，有利于早果丰产，提高果实的产量和品质，因此在生产上应用较为普遍。

一、苗圃建立

（一）育苗方式

根据育苗设施不同，果树育苗包括露地育苗、保护地育苗、容器育苗、试管育苗等方式。

1. 露地育苗

露地育苗是指苗整个培育过程或大部分培育过程都是在露地进行的育苗方式。通常设立苗圃培育苗木,也可采用坐地育苗,在园地直接育苗建园。露地育苗是生产上广泛应用的常规育苗方式。

(1)圃地育苗。圃地育苗是将繁殖材料置于苗床中培育成苗。对于小批量和短期性自用苗木的生产,可在拟建园地的就近选择合适地块,建立小面积临时性苗圃培育苗木。对于大批量和长期性商品苗木的生产,应建立专业化的大型苗圃培育苗木。

(2)坐地育苗。坐地育苗是将繁殖材料直接置于园地的定植穴内,长成果树,把育苗工作置于果园建立之中。

2. 保护地育苗

保护地育苗就是利用保护设施对环境条件(温度、湿度、光照等)进行有效控制,促进苗木生长发育,提早或延迟生长,培育优质壮苗。保护地设施有多种类型,常见的有以下6种。

(1)温床。在苗床表土下 15～25 厘米处设置热源提升地温,如利用电热线、酿热物(骡、马、羊、牛粪或麦糠)、火炕等,建立温床,提高基质温度,对扦插苗的促根培养极为有利。

(2)温室。通常采用普通日光温室,室内的温度、湿度、光照、通气等环境条件与露地大不相同,而且能根据苗木的需要进行人为控制。这种设施可促进种子提早萌发,出苗整齐,生长迅速,发育健壮,延长生长期,有利于快速繁殖。

(3)塑料拱棚。用细竹竿或薄木片等在床面插设小拱架,覆盖塑料薄膜,建成塑料小拱棚。利用薄膜和日光增加棚内温度,一般气温可维持在 25℃ 左右,配合铺设地膜,可提高地温。塑料拱棚已在生产上广泛应用。

（4）地膜覆盖。地膜覆盖就是用塑料薄膜覆盖在苗床上。一般以深色薄膜覆盖较好。可促进插穗生根，提高扦插成活率。

（5）荫棚。荫棚就是在苗床上设置棚架，架顶覆盖遮阳网或苇箔、竹箔、席片等遮荫材料。荫棚主要在生长季遮荫，能避免强光直射，防止幼苗失水或灼伤。

（6）弥雾。利用弥雾装置，在喷雾条件下培育苗木。常用的有电子叶全光自动间歇喷雾（通过特制的感湿软件——电子叶、微信息电路及执行部件，控制间歇喷雾）和悬臂式全光喷雾（主要组成部分包括喷水动力、自控仪、支架、悬臂和喷头）两种类型。弥雾育苗是近几年推广应用的快速育苗新技术，主要用于嫩枝扦插育苗。

3. 容器育苗

容器育苗就是在容器中装入配置好的基质进行育苗的方法。在集约化育苗、组织培养生根苗入土前的过渡培养、葡萄的快速育苗及稀有珍贵苗木的扦插繁殖中应用。容器类型包括纸袋、塑料薄膜袋、塑料钵、瓦盆、泥炭盆、蜂窝式纸杯等。播种和移栽组织培养苗，容器直径5～6厘米，高8～10厘米；扦插育苗直径6～10厘米，高15～20厘米。容器育苗的基质或营养土可单一使用，也可混合使用。播种宜用园土、粪肥、河沙等的混合材料，扦插繁殖和组胚苗的过渡培养，多单用蛭石、珍珠岩、炭化砻糠、河沙、煤渣等通气好的材料，不混用有机质和肥料。而泥炭是理想的培养基质，尿醛泡沫塑料是容器育苗的新型基质材料。

营养土配制的原则是因地制宜，就地取材。对营养土的要求是蓄水保墒，通气良好，重量轻，化学性质稳定，不带草种、害虫和病原体。其具体配方有：①泥、土、腐熟有机肥各1份；②泥炭土 50％，蛭石 30％，珍珠岩 20％，再加适量的腐熟人畜粪尿；③淤泥、泥炭土、河沙各等份，再加适量的饼肥和过磷酸钙，将培养土装入容器内。培养土装至容器容量的 95％，摆放整齐，浇水。待水渗下后，播种、覆土。覆土厚度视种子大小而定，一般为种子直径的 1～3 倍。容器育苗能否成功，关键是能够有效控制温湿度。苗木生长适宜温度为 18～28℃，空气相对湿度为80％～95％，土壤水分保持在田间持水量的 80％左右。幼苗长到 4～5 片真叶时，再根据是否充分形成根系团确定移栽。移栽时如果是纸钵，直接栽到地下即可。如果是塑料钵，可先将底部打开，待栽到地下后，再将塑料袋抽出。

4. 试管育苗

试管育苗又称组织培养育苗，是指在人工配置的无菌培养基中，使植物离体组织细胞培养成完整植株的繁殖方法。因最常用的培养容器多为试管，故又称试管育苗。试管育苗根据所用材料可分为茎尖培养、茎段培养、叶片培养和胚培养等。试管育苗在果树生产上主要用于快速繁殖自根苗，脱除病毒，培养无病毒苗木，繁殖和保存无籽果实的珍贵果树良种，多胚性品种未成熟胚的早期离体培养，胚乳多倍体和单倍体育种等。该种育苗方式繁殖速度快，经济效益高，占地空间小，不受季节限制，便于工厂化生产，但对技术要求比较高。

在苗木生产过程中，常将各种方式组合，形成最优化生产。如保护地育苗中，同时采用日光温室、温床、遮阳网及容器育苗等多种方式。

（二）苗圃

苗圃既是提供优质苗木的场所，也是探索植物繁殖新方法，改进育苗技术的试验基地。通常所说的苗圃是指露地苗圃。

1. 苗圃地选择

（1）地点。规模较大、长期育苗的专业苗圃，应选择交通方便的地方。规模较小、临时性的苗圃，应选择在需要苗木的中心。但工厂和交通主干道附近不宜选做苗圃地。

（2）地势。苗圃地的土壤宜选择背风向阳、排水良好、地势较高，地形平坦开阔的地方。坡地育苗应选坡度在3度以下的地方，对于坡度较大的应修筑梯田。地下水位在1.5米以上的低洼地、光照不足的山谷地均不宜做苗圃地。

（3）土壤。苗圃地的土壤以土层深厚而疏松肥沃，中性或微酸性的沙壤土、壤土为宜。过于黏重的土壤，过于沙化的土壤均不宜做苗圃地。黏重土、沙土或盐碱化较重的地块，必须进行改良才能用作苗圃地。

淘汰的老果园不宜做育苗地，前茬育过苗的地不宜连作，特别是繁殖同一种苗木，至少需要间隔2~3年。

（4）水源。苗圃地应具备良好的水源，随时保证水分供应，并且水分应符合有关要求。所需要的灌溉用水，尽量利用河流、湖泊、池塘、水库的水源，但苗圃地不宜离这些水源过近，如无水，则应选择地下水丰富，可以打井灌溉的地方作苗圃。

（5）气候。气候包括温度、雨量、光照、霜期及自然灾害等。应考虑其对苗木生长有无较大影响，如冬季严寒的情况下应采取防寒措施或建立保护地设施等。

（6）病虫害。苗圃地应尽量选在无病虫害和鸟兽害的地方。附近不要有能传染病菌的苗木，远离成龄果园；不能有病虫害的中间寄主，如成片的松柏、刺槐等。常年种植马铃薯、茄科和十字花科蔬菜的土地，不宜选作苗圃地。

2. 苗圃地的规划

小型苗圃一般面积比较小,在 2 公顷①以下,育苗种类和数量都比较少,可不进行区划,而以畦为单位,分别培育不同树种、品种的苗木。较大型苗圃面积在 2 公顷以上,应搞好规划设计工作。苗圃地的规划应根据育苗的性质、任务、苗木种类,结合当地的气候条件、地形、土壤等资料分析论证,周密考虑。本着经济利用土地,便于生产和管理的原则,合理分配生产用地和非生产用地,划分必要的功能园区。现代化专业性苗圃应包括母本园和繁殖区两部分;苗圃土地规划包括育苗用地和非育苗用地。繁殖育苗地一般占 60%。

1)繁殖区

繁殖区也称育苗圃,是苗圃规划的主要内容,应选最好的地块。根据所培育苗木的种类可将繁殖区分为实生苗培育区、自根苗培育区和嫁接苗培育区。也可按树种分区,如苹果育苗区、梨育苗区、桃育苗区和葡萄扦插区等。也可相同苗木、相同苗龄的苗木集中管理。各育苗区最好结合地形采用长方形划分,一般长度不短于 100 米,宽度为长度的 1/3～1/2。繁殖区必须实行轮作,同一树种一般要种 2～3 年其他作物后再育苗,但不同种类可短些。

2)母本园

母本园是生产繁殖材料的圃地。繁殖材料是指用作育苗的种子、接穗、芽、插穗(条)、根等,包括品种母本园、无病毒采穗圃和砧木母本园等。品种母本园主要任务是提供繁殖苗木所需要的接穗和插条,包括两种类型:一是在科研单位建立的现代化原种母本园和一、二级品种母本园。其中,母本繁殖材料可向生产

---

① 1 公顷=10000 平方米。

单位提供,建立低一级的品种母本园。二是生产单位在品种纯度高、环境条件好、无检疫对象的果园,去杂去劣,高接换头,进一步提高品种纯度,改造建成母本园。建立无病毒采穗圃,应从国家或省级无病毒园引进苗木,进行隔离栽植,要求采穗圃应距现有果园 3 千米以上。未种植过果树,与普通果树或苗木的隔离带至少 50 米,栽植密度行距 3 米以上,株距 2 米以上。砧木母本园是生产砧木种子或营养系繁殖材料的园区。

3)配套设施

配套设施就是非育苗用地,包括道路、排灌系统、房屋及其他建筑物等。规划路的宽窄以苗圃面积和使用交通工具的种类而定。规划路的同时,应统一安排灌溉和排水系统、房屋及其他建筑物。这些应本着便于管理、节省开支、少占耕地的原则安排。

二、嫁接苗培育

嫁接是指将一植株的枝或芽移接到另一植株的枝、干或根上,接口愈合形成一个新植株的技术。嫁接包括接穗(芽)和砧木两部分。接穗与接芽是指用作嫁接的枝与芽;而砧木是指承受接穗或接芽的部分。

(一)嫁接苗的特点和利用

1. 特点

嫁接苗能保持栽培品种的优良性状,很快进入结果期。繁殖系数高。利用砧木可增强果树的抗逆性、适应性,扩大栽植区域;调节树势,使树冠矮化、紧凑,便于树冠管理。可经济利用接穗,大量繁殖苗木,克服某些果树用其他方法不易繁殖的困难,是果树生产上主要的育苗方法。

2. 作用

嫁接苗在生产上大量用作果苗，主要树种大多用嫁接苗生产果实。对于用扦插、分株不易繁殖的树种、品种和无核品种常用嫁接繁殖。果树育种上可用于保存营养系变异，使杂种苗提早结果。高接换头，繁殖接穗等材料，建立母本园，生产上更新品种。

(二)影响嫁接成活的因素

1. 嫁接亲和力

嫁接亲和力指砧木和接穗的亲和力，是决定嫁接成活的主要因素。具体指砧木和接穗形成层密接后能否愈合成活和正常生长结果的能力。砧木接穗能结合成活，并能长期正常地生长结实，达到经济生产目的，就是亲和力良好的表现。如果嫁接虽然成活，但表现生长发育异常，或者虽然结果，而无经济价值，或生长结果一段时间后，植株死亡，都是嫁接不亲和或亲和力不强的表现。亲和力与植物亲缘关系远近有关。一般亲缘关系愈近，亲和力愈强，愈易成活；同种、同品种亲和力强；同属异种，亲和力较强；同科异属，亲和力较弱；不同科亲和力差，嫁接不成活。果树砧穗嫁接不亲和表现如图 2-1 所示。

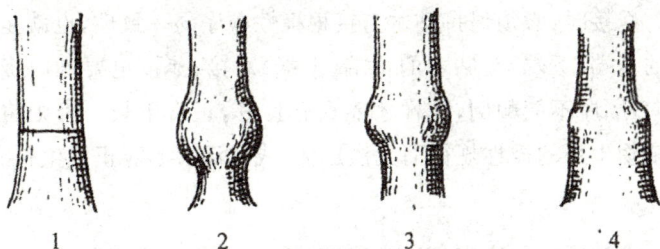

图 2-1　嫁接不亲和的表现

1. 嫁接愈合正常　2. 小脚　3. 肿瘤　4. 大脚

2. 生理与生化特性

一般接穗芽眼在休眠状态下,砧木处于休眠状态或刚萌芽状态,任何方法的嫁接都易成活;砧木生理活动过旺时,用不去顶的腹接法嫁接最好;砧穗双方形成层活动旺盛,应用芽接法嫁接。根压大的果树,如葡萄、核桃、猕猴桃等春季易产生伤流,宜在夏秋芽接或绿枝接;桃、杏等果树易产生流胶,一般在 8 月下旬以前嫁接。柿子、核桃、板栗等果树,伤口易形成单宁氧化膜,嫁接成活率比较低。因此,应选择适宜的嫁接时期、相应的嫁接方法以及提高嫁接速度,可促进成活。

3. 营养条件

营养条件指砧木和接穗的营养状况。砧木生长健壮、发育充实、粗度适宜、无病虫害的苗,嫁接成活率高,接穗(芽)萌发早,生长快。生长不良的细弱砧木苗,嫁接操作困难,成活率低。接穗应选用生长良好、营养充足、木质化程度高、芽体饱满、保持新鲜的枝条。在同一枝条上,应利用中间充实部位的芽或枝段进行嫁接。质量较差的梢部芽不宜使用,枝条基部的瘪芽亦不宜使用。

4. 极性

嫁接时,必须保持砧木与接穗极性顺序的一致性,也就是接穗的基端(下端)与砧木的顶端(上端)对接,芽接也要顺应极性方向,顺序不能颠倒,这样才能愈合良好,正常生长。否则将违反植物生长的极性规律而无法成活,或成活后不能正常生长。

5. 环境条件

嫁接成活与温度、湿度、光照、空气等环境条件有关。一般气温在 $20\sim25℃$,接穗含水量 50% 左右,嫁接口相对湿度在 $95\%\sim100\%$,土壤湿度相当于田间持水量的 $60\%\sim80\%$,嫁接伤口采用塑料薄膜条包扎。嫁接后套塑料袋,有利于嫁接成活。在夏秋季嫁接,苗圃遮荫降温会提高嫁接成活率。低温、高温、干旱、阴雨天气都不利于嫁接成活。

6.嫁接技术

嫁接技术包括不同树种的最适宜嫁接时期和嫁接方法的选择以及操作者的操作水平等。嫁接可全年进行,但芽接最适宜的嫁接时期为6～10月,枝接最适宜的嫁接时期为春、秋两季。嫁接过程要严格按照技术要求进行操作。其关键是砧木和接穗削面要平整光滑,形成层对齐密接,绑扎严紧,操作过程迅速准确。

(三)砧木和接穗的相互影响

1.接穗对砧木的影响

接穗影响砧根系分布的深度、根系的生长高峰及根系的抗逆性。还可影响根系中营养物质的含量及酶的活性,进而影响嫁接树的生长、结果、果实品质以及树冠部分的抗逆性、适应性等方面。

2.砧木对接穗的影响

砧木对接穗的影响主要表现在5个方面:①嫁接树树冠的大小。若接穗嫁接在乔化砧上,树体高大;而嫁接在矮化砧上,则树体表现矮小。②影响嫁接树的长势、枝形及树形。与乔化砧相比,接穗嫁接在矮化砧上,树体长势缓和,枝条加粗、缩短,长枝减少,短枝增加,树冠开张,干性削弱。③影响嫁接树的结果习性。同一品种嫁接在不同砧木上,始果年限可提早或推迟1～3年,果个、色泽、可溶性固形物含量等均有所差异。④影响嫁接树的抗逆性。用山定子为砧木嫁接苹果树,其抗寒能力大大增强,但耐盐碱能力减弱,在稍偏碱的地方易发生黄叶病。葡萄在绝大部分栽培自根苗即可,但在东北地区应采用抗寒砧木的嫁接苗,可提高其耐寒性。⑤影响嫁接树的寿命。嫁接树的接穗大都来自发育成熟的大树上,没有实生树的"童期"阶段,其寿命比实生树寿命短。同一品种嫁接在乔化砧上,寿命长,而嫁接在矮化砧上寿命短。

3. 中间砧对接穗和砧木的影响

中间砧是嵌入接穗和砧木之间的一段茎干,它对上部(树冠)及下部(基砧)都有一定影响。具体表现为两个方面:一是中间砧对接穗的影响非常明显。苹果矮化中间砧能使树体矮化。矮化程度与中间砧成正比,一般15~20厘米以上才有明显的矮化作用,中间砧越长,矮化性越强。外观表现为短枝率增加,提早结果,提高品质。二是中间砧对基砧的影响也很大。苹果矮化中间砧对基砧根系的生长控制力极强,如果中间砧深栽,大量生根之后逐步可替代基砧,使其缓慢萎缩。

砧木和接穗的相互影响是生理性的,不能遗传,当二者分离后,影响就会消失。

(四)砧木

1. 砧木的分类

砧木可以是整株果树,也可是树体的根段或枝段。砧木按繁殖方法分为实生砧和自根(无性系)砧。实生砧是指实生繁殖的砧木;自根(无性系)砧指自根繁殖的砧木。按照来源分为野生砧或半野生砧和共砧或本砧,野生砧或半野生砧是指利用野生近源植物或半栽培种的材料作为砧木;共砧或本砧是指利用栽培品种实生苗作为砧木。按利用方式分为基砧和中间砧,基砧是指连同根系用作砧木;中间砧是指只用一段枝条嵌在基砧与接穗之间。矮化中间砧是中间砧的一种特殊类型,是指中间砧为矮化砧。按对接穗的影响分乔化砧、矮化砧和半矮化砧。按抗性和适应性分,对不良环境条件或某些病虫害具有良好的适应能力或抵抗能力的砧木,称为抗性砧木,如抗寒砧木、抗根瘤蚜砧木、抗线虫砧木等。

2. 砧木选择利用

果树砧木种类很多,各地又有各自适宜的树种。选择砧木应考虑的条件:一是与栽培品种有良好的嫁接亲和力,对接穗的生长结果有良好的影响;二是对栽培地区的环境条件有良好的适应性,对病虫害抵抗力强;三是砧木的种苗来源丰富,且容易繁殖;四是具有特殊需要的性状,如乔化、矮化、抗病虫害、耐寒冷、耐盐碱或耐干旱等;五是根系发达,固地性好。

砧木区域化的原则是因地制宜,适地适栽,就地取材,育种和引种相结合,经过长期试验比较确定当地适宜的砧木种类。在砧木的选用上,应就地取材,适当引种。引种砧木应对其特性有充分的了解或先行试验,观察其各方面的性能,表现良好的再大量引进推广。

(五)砧木苗培育

1. 种子采集

1)母树选择

母树选择最好在采种母本园内进行。无母本园时,在野生母树体或散生母树上选择。选择类型纯正、生长健壮、结果良好、无病虫危害的壮年母树。

2)适时采收

根据种子的成熟度适时采收。未成熟的种子不能采用。判断种子是否成熟,应根据果实和种子的外部形态确定。若果实呈现应有的成熟色泽,则种仁充实饱满,种皮色泽深而富有光泽,说明种子已成熟。

2. 种子层积和播种前处理

1)种子层积

种子层积就是将取种后生命力强的种子与湿润基质混合或分层相间放置,在适宜的条件下,使种子完成后熟,解除休眠的措施。由于所用基质多为河沙,故也称为沙藏。基质也可采用蛭石、珍珠岩、泥炭等材料。开始层积时间可根据果树种子完成后熟所需天数和当地春季播种时间决定。

种子层积处理一般多采用露地坑藏。具体方法是:选地形较高、排水良好的背阴处,挖一东西向的层积坑,坑的深度为60~120厘米(东北寒冷地区深度为100~120厘米,华北中原地区为60~100厘米),宽度80~120厘米,长度随种子数量而定。层积前,先在坑底铺一层5~10厘米厚的洁净湿沙,沙的含水量为50%左右,以手握成团但不滴水为度。层积种子先用清水浸泡1~3天,每日换水并搅拌1~2次。坑中间相隔60厘米插一小草把。然后一层种子一层湿沙相间堆放,也可将种子与湿沙混合堆放。混合堆放时,河沙用量为小粒种子体积的3~5倍,为大粒种子的5~10倍,种子与沙一直堆放至离地面10~30厘米(视当地冻土层而异,冻土深则厚,反之则薄),上覆湿沙与地面持平,盖上一层草后,再用土堆盖成屋脊形,坑四周挖好排水沟。少量种子可用塑料编织袋,装入与湿沙混合后的种子,扎封袋口,埋入土堆或沙堆之中。也可用木箱或瓦盆等容器沙藏处理,将装有沙藏的容器埋在室外土内,或在室内、窖内堆放。记载好层积种子的名称、数量和日期,并上下翻动;如沙子变干,应适当洒水;发现霉烂种子及时挑出;春季气温上升时,注意种子萌动情况。如距离播种期较远而种子已萌动,应立即将其转移到冷凉处;若已接近播种期,种子尚未萌动,可白天揭开坑上覆土,盖上塑料薄膜增温,夜间加盖草帘保温。

2)播种前处理

沙藏未萌动或未经沙藏处理的种子,播种前应进行浸种催芽处理。对中小粒种子常用温水浸种。具体方法是将种子放入40℃左右的温水中,不断搅拌,直至冷凉为止,然后放入清水中浸泡2～3天(每天换水1～2次)后,捞出种子,混以湿沙,平摊在塑料拱棚、温室大棚内,或用地热装置,控温在20～25℃,加盖草帘,保湿保温,每天用30～40℃的温水冲洒1～2次。当有20%～30%的种子露出白尖时,进行播种。

3. 土壤管理

土壤管理主要包括防治病虫害的土壤处理、施入基肥、整地作畦等任务。

(1)土壤消毒。在整地时,对土壤进行处理。一般用50%多菌灵可湿性粉剂600倍液或70%甲基托布津可湿性粉剂1000倍液,或50%福美双可湿性粉剂600倍液,每667平方米地表喷布5～6千克,可防治烂芽、立枯、猝倒、根腐等病害。地下害虫中,蛴螬、地老虎、蝼蛄、金针虫等,可用50%辛硫磷乳油300毫升拌土25～30千克,撒施于667平方米地表,然后耕翻入土。缺铁土壤,每667平方米施入硫酸亚铁10～15千克,以防苗木黄化病的发生。

(2)施入基肥。基肥应在整地前施入,亦可作畦后施入畦内,翻入土壤。每667平方米施腐熟有机肥2500～4000千克,同时混入过磷酸钙25千克、草木灰25千克,或混入复合肥、果树专用肥。

(3)整地作畦。苗圃地喷药、施肥后,深耕细耙土壤,耕翻25～30厘米深,并清除影响种子发芽的杂草、残根、石块等障碍物。土壤经过耕翻平整后作平畦。一般畦宽1米、长10米左右,畦埂 30 厘米,畦面应耕平整细。低洼地采用高畦苗床,畦面高出地面 15～20 厘米。畦四周开 25 厘米深的沟。

4. 播种

(1)播种时期。播种分秋播和春播。秋播在秋末冬初土壤结冻之前进行。一般为 10 月下旬至 11 月中旬。在无灌溉条件的干旱地区及旱地采用秋播,但怕冻种子,如板栗等不宜秋播。春播在土壤解冻后进行,一般在 3 月中旬至 4 月中旬。塑料拱棚、日光温室育苗播种时间比露地依次提前。冬季干旱、风大、严寒、鸟兽危害较重的地区宜采用春播,春播一般在立春开始,抢墒播种,并尽量缩短播种时间。

(2)播种量。播种量指单位土地面积的用种量。通常以每667 平方米用种量(千克)或每公顷用种量(千克)表示。播种量可根据树种、当地条件、播种方法、株行距等来确定。由计划育苗数量、每千克种子粒数及种子质量包括种子发芽率和发芽势两部分计算出,具体计算公式是:每 667 平方米播种量(千克)=每 667 平方米计划出苗数(成苗出圃数)/每千克种子粒数×种子发芽率(发芽种子粒数占供试种子的百分数)×种子纯度(不含杂质种子的重量占含杂质种子重量的百分数)。在生产中,实际播种量比理论计算值略高。各地可根据当地实际条件,因地制宜的选择适合当地的播种量。

(3)播种方式。播种方式有大田直播和苗床密播两种。大田直播是将种子直接播种在嫁接圃内;苗床密播是将种子稠密地播种在苗床内,出苗后移栽到大田进行培养的方式。各地应根据当地劳力状况,选择适宜的播种方式。播种方法有撒播、点播和条播 3 种。撒播适用于小粒种子苗床密播。具体方法是:育苗前先做好苗床,床宽 1.0～1.2 米、长 5～10 米、深 20 厘米,东西向设置。床低铲平、压实,撒一层草木灰,铺 10 厘米厚的培养土,用木版刮平,并轻微镇压。播种前将层积的种子筛去沙子,浸种催芽,有50%以上露白时播种,先用水灌足苗床,待水渗下后,将种子均匀撒播在床面。种子撒播后,覆盖1厘米厚的培养土或湿沙。然后在苗床上搭塑料小拱棚。大田直播多用条播,大、中、小粒种子都可采用。条播通常采用宽窄行播种。一般仁果类宽行为50厘米,窄行为25厘米,1m宽的畦播4行;核果类宽行为60厘米,窄行为30厘米,畦宽1.2米为宜。播种时先按行距开沟,沟的深度以种子大小和土壤性质而定。大粒种子宜深,小粒种子宜浅;土壤疏松的应深,土壤黏重的要浅。沟开好后将种子撒在沟中,然后覆土。点播主要用于核桃、板栗、桃、杏等大粒种子。容器育苗小粒种子也多采用点播。大粒种子点播育苗,一般畦宽1米,每畦播2～3行,株距15厘米。将种子直接播下即可,但核桃种子要将种尖侧放,缝合线与地面保持垂直;板栗种子要平放。播种后覆土厚度一般为种子直径的1～3倍。

5. 播种后的管理

(1)覆盖。播种后,床面用作物秸秆、草类、树叶、芦苇等材料覆盖。覆盖厚度取决于播种期和当地气候条件,秋播宜厚,为5～10厘米,春播宜薄,为2～3厘米,干旱、风多、寒冷地区适当盖厚。在覆盖的草被上,点撒少量细土。当有20%～30%幼苗出土时,应逐渐撤除覆盖物。为防止环境突变对幼苗出土带来的不良影响,撤除覆盖物最好在阴天或傍晚进行,且应分2～3次揭除。

(2)浇水。种子萌发出土和幼苗期播种地必须保持湿润。种子萌发出土前后,忌大水漫灌,尤其中、小粒种子。如果需要灌水,以渗灌、滴灌和喷灌方式为好。无条件者可用喷雾器喷水增墒。苗高10厘米以上时,不同灌溉方式均可采用,但幼苗期漫灌时水流量不宜过大。生长期根据土壤墒情、苗木生长状况和天气情况,适时适量灌水,秋季控制肥水,越冬前灌足封冻水。

(3)间苗与移栽。间苗是把多余的苗拔掉,确定留量,使幼苗分布均匀、整齐、分散。间苗、定苗在幼苗长到 2~3 片真叶时进行。要做到早间苗,分期间苗,适时合理定苗。定苗距离小粒种子为 10 厘米,大粒种子为 15~20 厘米。间去小、弱、密、病、虫苗。间出的幼苗剔除病弱苗和损伤苗,其他幼苗移栽。移栽前 2~3 天灌水一次。移栽最好在阴天或傍晚进行,栽后立即浇水。首先补齐缺苗断垄的地方,然后将多余的苗栽入空地。

(4)防治病虫害。幼苗期注意立枯病、白粉病与地老虎、蛴螬、蝼蛄、金针虫、蚜虫等主要病虫害的防治。针对不同病虫害,喷布高效、低毒、低残留、易分解的农药。

(5)追肥。砧木苗在生长期(4~10 月)结合灌水进行土壤追肥 1~2 次。第一次追肥在 5~6 月份,每 667 平方米施用尿素 8~10 千克,第二次追肥在 7 月上、中旬,每 667 平方米施复合肥 10~15 千克。除土壤追肥外,结合防治病虫害,进行叶面喷肥,生长前期(8 月中旬以前)喷 0.3%~0.5% 的尿素;8 月中旬以后喷 0.5% 的磷酸二氢钾,或交替使用有机腐殖酸液肥、氨基酸复合肥等。

(6)中耕除草。苗木出土后及整个生长期,要经常进行中耕锄草,保持土壤疏松无杂草状态。

(六)接穗采集

1. 接穗选择

选择品种纯正、发育健壮、丰产、稳产、优质、无检疫对象和病毒病害的成年植株作采穗母树。一般剪取树冠外围生长充实、光洁、芽体饱满的发育枝或结果母枝作接穗,以枝条中段为

宜。春季嫁接一般多用一年生枝,也可用越年生枝条,枣树可用
1～4年生枝条做接穗;夏季嫁接用当年成熟的新梢,也可用储
藏的一年生枝或多年生枝,枣可利用储存的枝条或采集树上未
萌动的枝;秋季嫁接选用当年生长充实的春梢作接穗。无母本
园时,应从经过鉴定的优良品种成年树上采取。

2. 采穗时间

北方落叶果树春季嫁接用的一年生枝,宜在休眠期剪取,有
伤流习性的果树应在落叶后上冻前采集;夏、秋季嫁接用接穗随
采随用。采穗时间宜在清晨和傍晚枝内含水量比较充足时
剪取。

3. 采集后的处理

剪去枝条上下两端芽眼不饱满的枝段,50～100根成1捆,
标明品种名称,存放备用。生长期的接穗采后立即剪去叶片,留
下与芽相连的一段长0.5～1.0厘米的叶柄,用湿布等包裹保
湿。为防止病虫害,接穗时应进行消毒。

(七)嫁接

1. 嫁接方法分类

按接穗利用情况分为芽接和枝接。按嫁接部位分为根接、
根颈接、二重接、腹接、高接和桥接。根接是指以根段为砧木的
嫁接方法;根颈接是指在植株根颈部位嫁接;二重接是指中间砧
进行两次嫁接的方法;腹接是指在枝条的侧面斜切和插入接穗
嫁接(芽接也大都在枝条的侧面进行);高接是指利用原植株的
树体骨架,在树冠部位换接其他品种的嫁接方法;桥接是利用一
段枝或根,两端同时接在树体上,或将萌蘖接在树体上的方法。
按嫁接场所分圃接和掘接:圃接又叫低接,是指在圃地进行的嫁
接;掘接是指将砧木掘起,在室内或其他场所进行的嫁接,如嫁

接栽培的葡萄常先在室内枝接,然后再催根、扦插。

嫁接时,根据嫁接材料类型、嫁接部位、嫁接场所等综合运用嫁接方法。单芽切腹接,是以带有一个芽的一段枝为接穗,接口形式是切接,嫁接部位在砧木以上枝条的一侧。常用的嫁接方法是芽接和枝接。

2. 嫁接时期

(1)春季。在砧木开始萌芽、皮层刚可剥离的3~4月进行。多数果树在此时都能用枝条和带有木质的芽片嫁接。使用接穗必须处于尚未萌发状态,并在砧木大量萌芽前结束嫁接。

(2)初夏。在5月中旬至6月上旬砧木和接穗皮层都剥离时进行芽接。桃、杏、李、樱桃、枣及扁桃等核果类果树嫁接时期亦在此时。华北地区可在此时采集柿树一年生枝下部未萌发的芽,进行方形贴皮芽接。

(3)夏秋。在7~8月间,日均温不低于15℃时进行芽接。我国中部和华北地区可持续到9月中、下旬。接芽当年不萌发,翌年春季剪砧后培养成嫁接苗。

3. 嫁接用具和材料

枝接用具有修枝剪、枝接刀、芽接刀、手锯、劈刀、镰刀、旋具、磨刀石、小水桶、小铁锤。包扎材料采用塑料薄膜条(随砧木粗度,比芽接用条宽和长,常用的宽为1.0~1.5厘米,长为12~15厘米),或特制的嫁接专用胶带。

4. 芽接操作规程

1)时间

嫁接没有严格的时期限制,只要条件适宜可随时进行。在保护地内嫁接可常年进行,露地芽接一般在接芽充分成熟,砧木苗干基部直径达0.6厘米以上时进行。具体时期取决于嫁接方法。芽片接(T字形、工字形芽接)在砧木与接穗易离皮时进行；带木质芽接在春季萌芽前和生长季节内均可进行。但春季嫁接不能过早，秋季不能过晚，夏季温度过高(超过30℃)时也不宜嫁接。

2)嫁接操作程序

A. T形芽接

T形芽接又称"盾状"芽接，是芽接中应用最广的一种方法。多用于1年生小砧木苗上，在砧木与接穗易离皮时进行。

(1)削芽片。一手握接穗，另一手持芽接刀，先在被取芽的上方0.5～1.0厘米处横切一刀，深达木质部(切透皮层)，宽度为接穗粗度的1/3～1/2，再在芽的下方1.0～1.5厘米处斜削入木质部，由浅入深向上推刀，直到纵刀口与横刀口相遇为止。用拿刀的手捏住接芽两侧，轻轻一掰，取下盾状芽片(图2-2)。

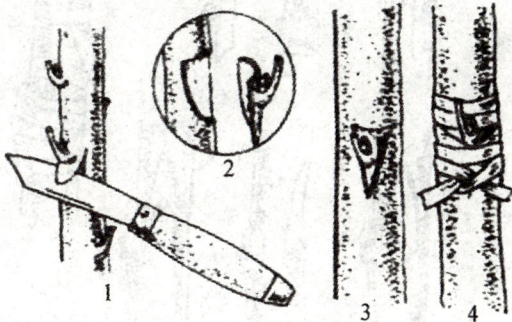

图2-2　T形芽接

1.削接穗芽片 2.取下的芽片 3.在切好的砧木上插入芽片 4.捆绑

(2)切砧木。在砧木苗基部离地面约5厘米处，选择光滑无疤部位，用芽接刀切T字形切口，具体方法是：先横切一刀，宽1厘米左右，再从横切口中央往下竖切一刀，长1.5厘米左右，深度以切断皮层而不伤木质部为宜。

（3）插芽片。用嫁接刀的刀柄尖把接口挑开，将芽片由上而下轻轻插入，使芽片上边与砧木横切口紧密相接（也有在横刀口中部用刀尖挑开砧木皮层，再将芽片由上而下轻轻插入），称为"一横一点"芽接法。

（4）捆绑。用塑料条由上向下压茬缠绑严密，芽和叶柄外露（要求当年萌发）或不外露（来年萌发）均可。但伤口一定要包扎严密，捆绑紧固。

B. 嵌芽接

嵌芽接又称带木质芽接，是在砧木和接穗都不离皮的春季采用的一种方法，其他时间也可进行，多用于高枝接，也可用于苗木嫁接，在生产上应用较为广泛见图2-3。

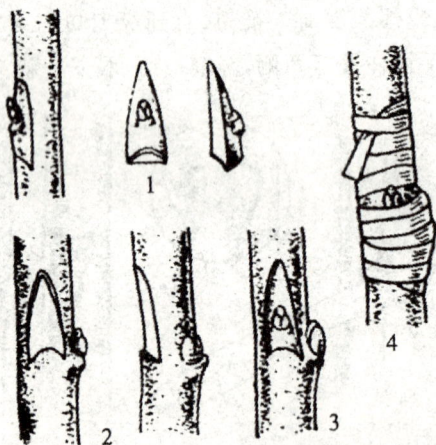

图2-3 嵌芽接
1. 削接芽 2. 削砧木 3. 嵌入接芽 4. 绑扎

（1）削芽片。在接穗上选饱满芽，从芽上方1.0～1.2厘米处向下斜削入木质部，可略带木质部，但不宜过厚，长约2厘米，然后在芽下方1厘米处呈30度斜切到第一刀口底部，取下带木质盾状芽片。

（2）切砧木。在砧木离地面5厘米处，选光滑无疤部位，先斜切一刀，再在其上方2厘米处由上向下斜削入木质部，至下切口处相遇。砧木削面可比接芽稍长，但宽度应保持一致。

（3）贴芽片。取掉砧木盾片，将接芽嵌入。当砧木粗，削面宽时，可将一边形成层对齐。

（4）包扎。用0.8～1.0厘米塑料薄膜条由下往上压茬缠绑到接口上方，要求绑紧包严。

C. 方形贴皮芽接

方形贴皮芽接在砧木与接穗都容易剥离皮层时进行。具体做法是在接穗枝条上切取不带木质部的方形皮芽，紧贴在砧木上芽片大小相同，去掉皮层的方形切口（见图2-4）。方形贴皮芽接刀可利用刮胡刀片自制。

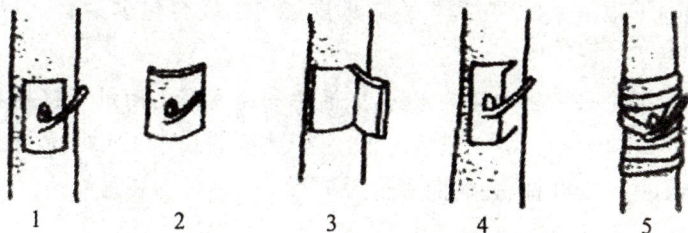

图2-4　方形贴皮芽接

1. 取接芽 2. 接芽 3. 砧木切接口 4. 贴合接芽 5. 绑扎

D."工"字形芽接

"工"字形芽接适用于较粗的砧木或皮层较厚、小芽片不易成活的果树种类，如核桃、板栗、葡萄等。其具体操作步骤如下。

（1）削芽片。先在芽上和芽下各横切一刀，间距为1.5～2.0厘米，再在芽的左右两侧各竖切一刀，取下方块形芽片。

（2）切砧木。按取下芽片等长距离，在砧木光滑部位上下各横切一刀，然后在两横切口之间竖切一刀。

（3）贴芽片与包扎。将砧木切口皮层向左右挑开，俗称双开门，迅速将方块芽片装入，紧贴木质部，包严绑紧。

E. 套芽接

套芽接也称环状芽接、管状芽接，适用于小芽片，易发生伤流，不易成活的核桃、板栗、柿等树种，其具体方法是：

（1）削芽片。先在被取芽上方1厘米处将接穗剪断，然后在芽下方1厘米处环切一圈，深达木质部。轻轻扭转，使韧皮部与木质部分离，从上端抽出，成一管状芽套筒。

（2）切砧木。选择与接芽套筒粗度接近的砧木，在光滑顺直部位剪断，从剪口处向下竖切3刀，深达木质部，将皮层剥开。

（3）贴芽片与包扎。砧木皮层剥开后，随即将芽筒套上，慢慢向下推至上口平齐，再将砧木皮层向上拢合包裹芽套，包严绑紧。

无论采用哪种芽接方法，成活率和速度都是衡量芽接技术的两个主要指标。一般情况下，一个熟练的技术工人每天可芽接800~1000株，且成活率达到99%。

5. 枝接操作规程

1）枝接时间

硬枝嫁接在春季树液开始流动的3~4月间进行，在接穗保存良好，尚未萌发时，嫁接可延续到砧木展叶后，一般在砧木大量萌芽前结束。葡萄、猕猴桃等伤流严重的树种，适当推迟到伤流期结束时进行。而嫩枝嫁接则在生长期（4~10月）进行。

2）枝接操作程序

A. 劈接

劈接又称割接，适用于较粗砧木。在靠近地面处劈接，又叫

"土接"。劈接常用于苹果、核桃、板栗、枣等树种,是果树生产上应用广泛的一种枝接方法,在春季树液流动至发芽前均可进行。

(1)削接穗。将采下的穗条去掉上端不成熟和下端芽体不饱满的部分,按5～7厘米长,3～4个芽剪成一段作为接穗,然后将枝条下端削成2～3厘米长、外宽内窄的斜面,削面以上留2～3个芽,并于顶端第一个芽的上方0.5厘米处削光滑平面。削面要光滑、平整(见图2-5)。

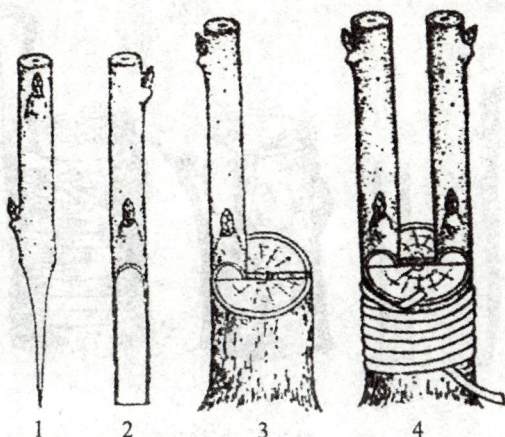

图 2-5　劈接

1. 接穗削面侧视 2. 接穗削面正视 3. 插入接穗 4. 绑扎

(2)劈砧木。先将砧木从嫁接口处剪(锯)断,修平茬口。然后在砧木断面中央切一垂直切口,长3厘米以上。砧木较粗时,劈口可位于断面1/3处。

(3)插接穗。首先将切口用刀锲入木质部撬开,把接穗厚的一面朝外,薄的一面朝内插入砧木垂直切口,要求砧木与形成层对齐,但不要将接穗全部插入砧木切口内,削面上端露出切面

0.3～0.5厘米（俗称露白）。砧木较粗时，在劈口两端各插入1个接穗。

（4）捆绑。将砧木断面和接口用塑料薄膜条缠绑严密。较粗砧木要用薄膜方块覆盖伤口，或罩套塑料袋。

B. 切接（见图2-6）

切接适用于直径1～2厘米的砧木，可用于苹果、桃、核桃、板栗等树种的嫁接。

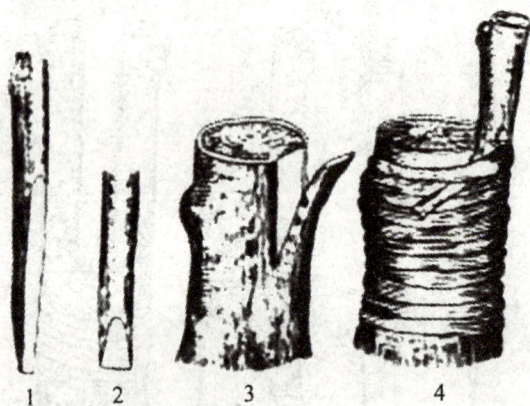

图2-6　切接法

1,2. 接穗的长削面和短削面 3. 切开砧木 4. 绑缚

（1）削接穗。在接穗下端先削一个3厘米左右的长削面，削掉1/3木质部，再在长削面背后削一个1厘米左右的短削面。两斜面都要光滑。

（2）劈砧木。将砧木从距离地面5厘米处剪断，选平整光滑的一侧，从断面1/3处劈一垂直切口，长约3厘米。

（3）插接穗。将接穗的长削面向里，短削面向外，插入砧木切口，使两者形成层对准、靠紧，接穗较细时，保证一边的形成层对准。

（4）包扎。将嫁接处用塑料条包扎绑紧即可。

C. 皮下接（见图 2-7）

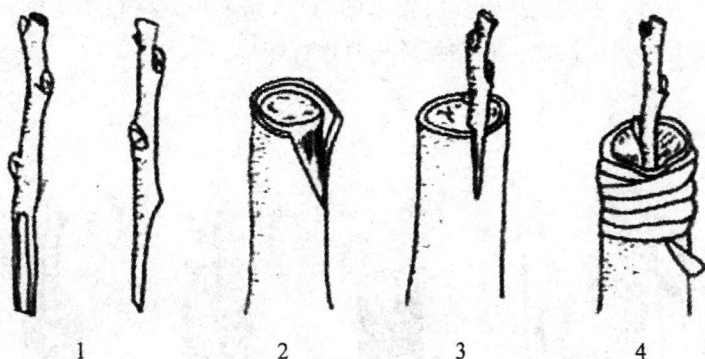

图 2-7　皮下接

1. 削接穗 2. 切砧撬皮 3. 插入接穗 4. 绑扎

皮下接就是插皮接，为枣树上应用较多的一种嫁接方法，也适用于苹果、山楂、李、杏、柿等树种，是在砧木离皮而接穗不离皮时使用的一种方法，如接穗离皮时也可采用。在此基础上，又发展成插皮舌接和插皮腹接等方法。

（1）削接穗。剪一段带 2～4 个芽的接穗，在接穗下端斜削一个长约 3 厘米的长削面，再在长削面背后尖端削一个长 0.3～0.5 厘米的短削面，并将长削面背后两侧皮层削去少量，但不伤木质部。

（2）劈砧木。先将砧木近地面处光滑无疤部位剪断，削平剪口，然后在砧木皮层光滑的一侧纵切一刀，长约 2 厘米，不伤木质部。

（3）插接穗。用刀尖将砧木纵切口皮层向两边拨开，将接穗长削面向内，紧贴木质部插入。长削面上端应在砧木平断面之上外露 0.3～0.5 厘米,使接穗保持垂直,接触紧密。

(4)包扎。将嫁接处用塑料条包严绑紧即可。

D. 插皮舌接(见图 2-8)

插皮舌接适用于皮层较厚的树种,如苹果、李、板栗等幼树及大树高接换优。在砧穗离皮时进行嫁接。

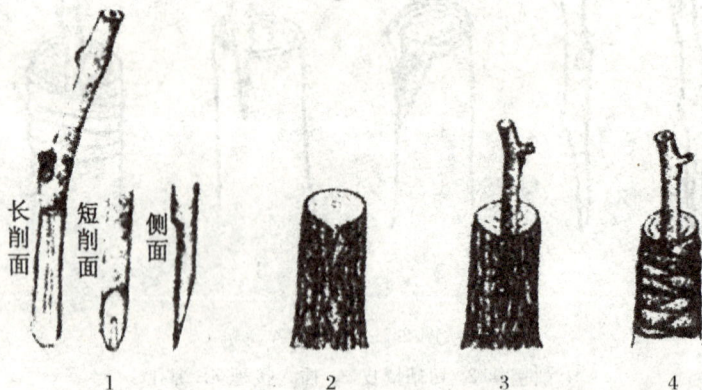

长削面　短削面　侧面

1　　　　2　　　　3　　　　4

图 2-8　插皮舌接

1. 接穗的切削 2. 砧木处理 3. 插入接穗 4. 绑扎

(1)削接穗。先在接穗枝条下端斜削一刀,使削面呈 3～5 厘米长的马耳形斜面,再在削面上留 2～3 个饱满芽,并于最上芽的上方约 0.5 厘米处剪断,使接穗长 10 厘米左右。

(2)砧木处理。幼树嫁接,可在离地面 30～80 厘米处剪断砧木;大树高接换优,可在主干、主枝或侧枝的适当部位锯断,锯口用镰刀削平,然后选砧木皮光滑的一面用刀轻轻削去老粗皮,露出嫩皮,削面长 5～7 厘米,宽 2～3 厘米。

(3)插接穗与捆绑。插接穗前先用手捏开接穗马耳形削面下端的皮层,使皮层和木质部分离,然后将接穗木质部插入砧木切面的木质部和韧皮部之间,并将接穗的皮层紧贴砧木皮层上削好的嫩皮部分,再用塑料薄膜条绑扎紧实。

E. 腹接(见图 2-9)

腹接也称腰接,是一种不切断砧木的枝接法,多用于改换良种,或在高接换头时增加换头数量,或在树冠内部的残缺部位填补空间,或在一株树上嫁接授粉品种的枝条等。

(1)削接穗。在接穗下端先削一个长 3～4 厘米的斜面,再在其背后削一个 2 厘米左右的短削面,呈斜楔形。

(2)劈砧木。在砧木离地面 5 厘米左右处,选光滑部位,用刀呈 30 度斜切一刀,呈倒"V"字形。普通腹接可将切口深入木质部;皮下腹接时,只将木质部以外的皮层切成倒"V"字形,并将皮层剥离。

(3)插接穗与包扎。普通腹接应轻轻掰开砧木斜切口,将接穗长面向里,短面向外斜插入砧木切口,对准形成层,如切口宽度不一致,应保证一侧的形成层对齐密接。皮下腹接,接穗的斜削面应全部插入砧木切口面和砧木木质部外面,最后用塑料条绑紧包严即可。

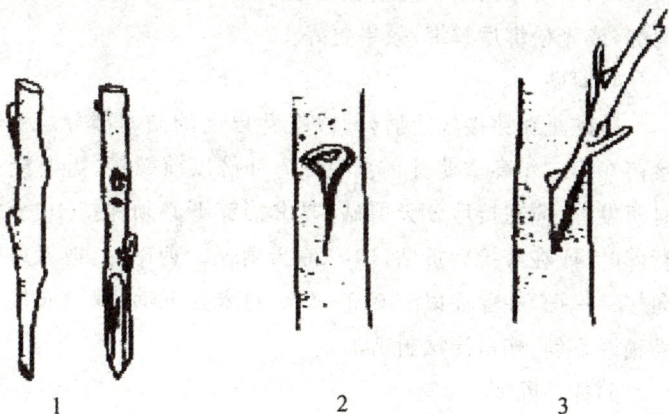

图 2-9　腹接

1. 削接穗 2. 切砧木撬皮 3. 插入接穗

6. 嫁接后的管理

1)检查成活

芽接后 10～15 天检查成活。凡接芽新鲜,叶柄一触即落时,表明芽已接活;如果芽片萎缩,颜色发黑,叶柄干枯不易脱落,则未成活。枝接一般需一个月左右才能判断是否成活。如果接穗新鲜,伤口愈合良好,芽已萌动,表明已枝接成活。

2)补接

芽接苗一般在检查成活时做出标记,然后立即安排进行。秋季芽接苗在剪砧时细致检查,发现漏补苗木,暂不剪砧,在萌芽前采用带木质芽接或枝接补齐。枝接后的补接要提前储存好接穗。补接时将原接口重新落茬。

3)解绑

芽接通常在嫁接 20 天后解除捆绑,秋季芽接稍晚的可推迟到来年春季发芽前解绑。解绑的方法是在接芽相反部位用刀划断绑缚物,随手揭除。枝接在接穗发枝并进入旺盛生长后解除捆绑,或先松绑后解绑,效果更好。

4)剪砧

剪砧是在芽接成活后,剪除接芽以上的砧木部分。秋季芽接苗在第二年春季萌芽前剪砧。7 月份以前嫁接,需要接芽及时萌发的,应在接后 3 天剪砧,要求接芽下必须保持 10 个左右营养叶,或在嫁接后折砧,15～20 天剪砧。剪砧时,剪刀刃应迎向接芽一面,在芽面以上 0.3～0.5 厘米处下剪,剪口向接芽背面稍微下斜,伤口涂抹封剪油。

5)抹芽除萌

芽接苗剪砧后,应及时抹除砧木上长出的萌蘖,并且要多次进行。枝接苗砧木上长出的许多萌蘖也要及时抹除。接穗如果同时萌发出几个嫩梢,仅留一个生长健壮的新梢培养,其余萌芽和嫩梢全部抹除。

6）土肥水管理

春季剪砧后及应时追肥、灌水。一般每 667 平方米追施尿素 10 千克左右。结合施肥进行春灌，并锄地松土。5 月中下旬苗木旺长期，再追施尿素 10 千克或 N、P、K 三元复合肥 10～15 千克。施肥后灌水。结合喷药每次加 0.3% 的尿素。7 月份以后控制肥、水供应，叶面喷施 0.5% 的磷酸二氢钾 3～4 次，间隔 15～20 天。

（八）果苗矮化中间砧二年出圃技术

果苗矮化中间砧是经过两次嫁接而成，采用常规技术育苗需 3 年才能出圃。生产上为降低成本、加快育苗进度，可采用 2 年出圃技术。就是第一年春播培育乔砧实生苗；7～9 月芽接矮化砧；第二年春季萌芽前剪砧，6 月中下旬芽接栽培品种；接后 3～10 天剪砧；秋后成苗出圃。具体技术要点如下：

（1）壮砧培育。育苗地选在平整、疏松、肥沃处。首先施足基肥，精细整地。秋播或早秋播种，加强土肥水管理，使砧木苗 7～8 月达到嫁接标准。第二年春季萌芽前剪去砧木顶端比较细的部分，加强管理，使矮化砧苗 6 月中旬高度达到 50 厘米以上，苗高 30 厘米处直径达 0.5 厘米以上。

（2）嫁接要及时。实生砧苗第一年嫁接矮化砧必须在 9 月中旬以前将未嫁接活的苗补齐。第二年 6 月中旬在矮化砧苗上芽接栽培品种，最迟 6 月底以前嫁接完。嫁接采用带木质露芽接。在操作中尽量保护好接口以下矮化砧苗上的叶片。

（3）剪砧要及时。栽培品种芽接 3 天后剪砧，或接后立即折砧，15～20 天剪砧。剪口涂封剪油，25 天后解绑。

（4）加强肥、水管理。播种前每 667 平方米施优质农家肥 5000 千克；砧苗高 10 厘米左右时开沟施尿素 5 千克；6 月上旬结合灌水追复合肥 10～15 千克。第二年春季剪砧后，结合灌催芽水，每 667 平方米施尿素 10～15 千克；栽培品种嫁接前后每

667 平方米施 N、P、K 三元复合肥 10～15 千克。同时加强根外追肥。栽培品种接芽初萌发时,在嫁接前 10 天左右喷 0.3％～0.5％硫酸亚铁溶液,每隔 10 天喷一次,连喷 3～4 次,防治黄化病的发生。

(5)覆盖地膜。覆盖地膜在第二年春季剪砧、追肥、灌水和松土后进行,将接芽露出,地膜拉展覆盖地表,周围用土压实。

三、扦插苗培育

(一)扦插苗及类型

扦插是指将果树部分营养器官插入土壤(基质)中,使其生根、萌芽、抽枝,成为新的植株的方法。扦插既可在露地进行,也可在保护地内进行,亦可二者结合。根据所用器官不同,扦插可分为根插、枝插和芽(叶)插。枝插又根据枝条成熟程度分为硬枝扦插和绿枝扦插。

1. 根插

根插就是用根段进行扦插繁殖。凡根上能形成不定芽的树种都可采用根插育苗,如山楂、苹果、梨、枣、柿、李等树种。根插繁殖主要用于培养砧木。繁殖材料可结合秋季掘苗和移栽时收集,或者搜集野生和深翻果园挖断的根系。选直径 0.3～1.5 厘米的根,剪成长 10 厘米左右的根段,并带有须根。

2. 硬枝扦插

硬枝扦插就是利用已完全木质化的枝条进行扦插。此法应用最广,凡容易萌发不定根的树种均可采用,如葡萄、石榴、无花果等树种。

3. 绿枝扦插

绿枝扦插又称嫩枝扦插,是利用当年生半木质化带叶绿枝在生长期进行扦插。对生根较难的树种(山楂、猕猴桃等)或硬枝扦插材料不足时,可采用绿枝扦插。

(二)影响扦插成活因素

1. 内部因素

(1)树种与品种。果树种类与品种不同,其再生能力强弱不同。葡萄、石榴、无花果的再生能力强,而苹果、桃等果树再生能力弱。同一树种,枝和根的再生能力也不同。葡萄枝条容易发生不定根,而根系不易萌发不定芽,因此常用枝插而不用根插。枣、柿、苹果等则相反,根插易生枝,而枝插不易生根。同一树种不同品种的再生能力也表现不同。

(2)树龄、枝龄和枝条部位。幼树和壮年母树的枝条,扦插成活率高,生长良好。一般枝龄越小,再生能力越强。大多数树种一年生枝的再生能力强,二年生枝次之,二年生以上枝条再生能力明显减弱。西洋樱桃采用喷雾嫩枝插时,梢尖部分作插条比新梢基部作插条的成活率高。

(3)营养物质。插条发育充实,木质化程度高,营养物质含量高,则再生能力强。通常枝条中部扦插成活率高;枝条基部扦插成活率次之,枝条梢部扦插不易成活。

(4)植物生长调节剂。不同类型生长调节剂如生长素(IAA)、细胞分裂素(CTK)、脱落酸(NAA)等对根的分化有影响。IAA 对植物茎的生长、根的形成和形成层细胞的分裂都有促进作用。IAA、IBA,NAA 都有促进不定根形成的作用。CTK 在无菌培养基上对根插有促进不定芽形成的作用。ABA 在矮化砧 M_{26} 扦插时有促进生根的作用。一般凡含有植物激素较多的树种,扦插都较易生根。在生产上,对插条用生长调节剂(如 IBA 或 ABT 生根粉等)处理可促进生根。

(5)维生素。已知维生素 B_1 是无菌培养基中促进外植体生根所必需的营养物质。维生素 B_1、维生素 B_2、维生素 B_6 和维生素 C 以及烟碱在生根中是必需的。维生素和生长素混合用,对促进生根有良好效果。

无论硬枝扦插或绿枝扦插,凡是插条带芽或叶片的,其扦插生根成活率都比不带芽或叶片的插条生根成活率高。

2. 外部条件

(1)温度。温度包括气温和土壤温度。白天气温 21～25℃,夜间约 15℃时有利于硬枝扦插或压条生根。北方由于春季气温升高快于土温,因此解决春季插条成活的关键是采取措施提高土壤温度,使插条先发根后发芽。插条生根适宜土温为 15～20℃或略高于平均气温 3～5℃。但各树种插条生根对温度要求不同,如葡萄在 20～25℃的土温条件下发根最好,而中国樱桃则以 15℃为最适宜。

(2)湿度。扦插湿度包括土壤湿度和空气湿度。土壤湿度在田间最大持水量的 50%～60%为宜。空气湿度在 80%以上。补充湿度采用洒水或喷灌的方式灌水,有条件的地方可进行喷雾。

(3)氧气。扦插基质中的氧气保持在 15%以上时,对生根有利,葡萄达到 21%时对生根最有利。应避免土壤中水分过多,造成氧气不足。

(4)光照。弱光照条件有利于扦插成活,在强光条件下扦插的枝条极易出现失水干枯死亡现象。在扦插时,应避免强光直射,常用草帘、遮阳网等搭棚遮荫。在绿枝扦插时,有条件时,最好采用全光照喷雾育苗。

(5)土壤。土壤质地的好坏直接影响扦插成活率。扦插地应选择结构疏松、通气良好、保水性强的沙质壤土。一般生产上常采用珍珠岩、泥炭、蛭石、谷壳灰、炉渣灰等作扦插基质。

3. 促进生根的方法

对生根较难的树种和品种,在扦插前 20～25 天进行催根处

理,具体催根方法介绍如下:

1)机械损伤

(1)剥皮对枝条木栓组织比较发达的果树,如葡萄中对发根较难的树种和品种,扦插前将表皮木栓层剥去,对促进发根有良好的促进作用。

(2)纵刻伤加大插条下端斜面伤口,并在伤口背面和上部纵刻3~5条5~6厘米的伤口,深达形成层,以见到绿皮为度。

(3)环状剥皮在枝条某部位剥去一圈皮层,宽为3~5毫米。压条繁殖前在枝条上环剥或在采插条前15~20天对欲作插条的枝梢环剥,待环剥伤口长出愈伤组织而未完全愈合时剪下扦插。

2)加温处理

加温处理也叫催根处理,是在早春扦插中所采取的一项催根技术。生产上常用的增温处理方式有温床、电热加温或火炕等。在热源上铺一层湿沙或锯末,厚3~5厘米,将插条基部用生根药剂处理后,下端弄整齐,捆成小捆,直立埋入铺垫基质中,捆间用湿沙或锯末填充,顶芽外露。插条基部温度保持在20~25℃,气温控制在8~10℃。经常喷水,保持适宜的湿度。经3~4周后,在萌芽前定植于苗圃。

3)激素处理

激素处理就是植物生长调节剂处理。对不易生根的树种、品种,采用人工合成的生长素处理插条。常用的植物生长激素有 IBA、IAA、ABT 生根粉等。处理方法有液剂浸渍和粉剂蘸沾。液剂浸渍所用浓度一般为 5~100 毫克/千克,嫩枝为 5~25 毫克/千克,硬枝为 25~100 毫克/千克,将插条基部浸泡12~24 小时;也可用 1000 毫克/千克蘸 5~10 秒。粉剂蘸沾就是插穗基部用清水浸湿,然后蘸粉。具体方法:用滑石粉作稀释填充剂,稀释浓度为 500~2000 毫克/千克,混合 2~3 小时后即可使用。有些营养物质如蔗糖、果糖、葡萄糖等溶液,与生长素配合使用,有利于生根。

4)黄化处理

黄化处理就是对插条进行黑暗处理。一般常用培土、罩黑色纸袋等方法使插条黄化。在新梢生长初期用黑布或黑纸等包裹基部,使枝条黄化,皮层增厚,薄壁细胞增多。黄化处理时间必须在扦插前3周进行。

5)化学药剂处理

用高锰酸钾、硼酸等0.1%~0.5%溶液,浸泡插条基部数小时至24小时,或用蔗糖、维生素 B_{12} 浸泡插条基部,对促进生根有明显的效果。

(三)扦插生产技术

1. 硬枝扦插

硬枝扦插以春季为主,是生产中常用的一种方法。

1)插条的采集与储藏

落叶果树插条一般结合冬剪采集。在晚秋或初冬采后储藏在湿沙中,也可在春季萌芽前,随采随插。葡萄须在伤流前采集。枝条要求充实,芽饱满,无病虫害。储藏时,将枝条剪成50~100厘米长,50~100根捆成1捆,标明品种、采集日期,湿沙储于窖内或沟内,储温1~5℃,湿度为10%。

2)扦插时间

在春季发芽前,大约在3月下旬,15~20厘米深土层地温达10℃以上时为宜。

3)插条处理

冬藏后的枝条用清水浸泡一天后,剪成20厘米左右、有1~4个芽的插条,节间长的树种多用单芽或双芽插条。坐地育苗建园的葡萄和枣可剪成长 50 厘米,而枣须有 10 厘米长的 2 年生枝。插条上端剪口在芽上距芽尖 0.5～1.0 厘米处剪平,下端在芽下 0.5～1.0 厘米处剪成马耳形斜面。剪口要平滑,在扦插前进行催根处理。

4)整地、作畦垄、扦插

根据地势作成高畦或平畦,畦宽 1 米,扦插 2～3 行,株距 15 厘米;行距 60～80 厘米;土壤黏重,湿度大时可起垄扦插,行距 60 厘米,株距 10～15 厘米。

5)扦插方式和方法

扦插方式有直插和斜插。单芽插穗直插,长插穗斜插。扦插时,开沟放条或直接将条插入土中。直插时顶端侧芽向上,填土压实;斜插时插条向南倾斜 10 度左右,顶芽向北稍露出地面。灌足水,水渗下后再薄覆一层细土。覆盖地膜时将顶芽露在膜上。干旱、风多、寒冷的地区插后培土 2 厘米左右,覆盖顶芽,芽萌发时扒开覆土(见图 2-10);气候温和湿润的地区,插穗上端可露出 1～2 个芽。

图 2-10 硬枝扦插
1. 短插条直插 2. 长插条斜插

6)扦插后的管理

(1)灌水抹芽。发芽前保持一定的温度和湿度。土壤缺墒时适当灌水。但不宜频繁灌溉。灌溉或下雨后,应及时松土除草。成活后一般只保留一个新梢,其余及时抹去。

(2)追肥。生长期(4~10月)追肥1~2次。第一次在5月下旬至6月上旬。每667平方米施入人粪尿10~15千克;第二次在7月下旬,每667平方米施入复合肥15千克,并加强叶面喷肥,生长前期(4~6月)间隔20天叶面喷施0.2%~0.3%尿素,后期(7~10月)间隔15天叶面喷施0.3%~0.5%磷酸二氢钾。

(3)绑梢摘心。葡萄扦插育苗,每株应插立一根2~3米长的细竹竿,或设立支柱,横拉铁丝,适时绑梢,牵引苗木直立生长。如果不生产接穗,在新梢长到80~100厘米时摘心。

(4)病虫害防治。注意防治病虫害,具体防治方法同前。

2. 绿枝扦插

绿枝扦插又名嫩枝扦插,是利用当年生半木质化的新梢在生长期进行扦插。适用于山楂、猕猴桃等较难发根树种的育苗。

1)扦插时间

扦插时间在生长季。为提高成活率,保障当年形成一段发育充实的苗干,一般在6月底以前进行,最好不晚于麦收后。

2)插条采集与处理

选生长健壮的幼年母树,在早晨或阴天时采集当年生尚未木质化或半木质化的粗壮枝条。将采下的嫩枝剪成长5~20厘米的枝段。上剪口于芽上1厘米左右处剪平,要求剪口平滑;下剪口稍斜或平。为减少蒸腾耗水,除上端留1~2片叶,其余叶片全部除去,大叶型还要将叶片剪去1/2。插条下端用IBA、IAA、ABT生根粉等处理,使用浓度一般为25毫克/千克,浸12~24小时。

3)扦插技术

绿枝扦插宜选用河沙、蛭石等通透性能好的材料作基质。

一般先在温室或塑料大棚等处集中培养生根,然后移至大田继续培育。将插条按一定株行距插入整好的苗床内,适当密植,一般株距为 15 厘米,行距为 50 厘米。采用直插,插入部分约为穗长的 2/3(见图 2-11)。插后灌足水。

4)扦插后的管理

绿枝扦插后要立即搭建遮荫设施,避免强光直射。勤喷水或浇水,保持空气湿度达到饱和,勿使叶片萎蔫。生根后逐渐增加光照,温度过高(超过 30℃)时喷水降温,并及时排除多余水分。有条件者利用全光照自动间歇喷雾设备。

3. 根插

根插就是利用根段进行扦插。

图 2-11 绿枝扦插

凡根上易形成不定芽、易生根蘖的树种,如李、柿、核桃、山楂、樱桃等都能扦插成活。根插材料一般结合秋季掘苗和移栽时收集。根插条粗为 0.4~1.5 厘米,可全段扦插,也可剪成长 5~8 厘米或 10~15 厘米的根段,并带有须根。上口平剪,下口斜剪,根段直插或斜插,切勿倒插。根插材料一般冬季进行湿藏,春季进行露地扦插,也可春季随采随插。扦插时间、方法和插后管理同硬枝扦插,但应注意防寒防旱。

四、压条育苗和分株育苗

(一)压条育苗

压条育苗是在枝条与母株不分离状态下,将其压入土中或包埋于生根介质中,使其生根后,与母株剪断脱离,成为独立植株的技术。该方法多用于扦插生根困难的树种,一般按压条所处位置分为地面压条和空中压条,其中地面压条又分为直立压条、水平压条和曲枝压条等。

1. 直立压条

直立压条又称培土压条,主要用于发枝力强、枝条硬度较大的树种,如苹果和梨的矮化砧、石榴、樱桃、李和无花果等果树。具体方法是:冬季或早春将母株枝条距地面 15 厘米左右(2 次枝仅留基部 2 厘米)剪断,施肥灌水,促其萌发新梢。待新梢长到 20 厘米以上时,在其基部纵伤或环割,深达木质部。进行第一次培土,促进生根。培土高度为 8~10 厘米,宽约 25 厘米。新梢长至 40 厘米左右时,进行第二次培土,两次培土总高约30 厘米,宽 40 厘米,注意踏实。每次培土前先灌水,保持土壤湿润。一般 20 天左右开始生根。冬剪或翌春扒开土堆,将新生植株从基部剪下,就成为压条苗。剪完后对母株立即覆土。翌春萌芽前扒开土,重复上述方法进行压条繁殖。具体步骤如图2-12 所示。

2. 水平压条

水平压条又称开沟压条,适用于枝条柔软、扦插生根较难的树种,如苹果矮化砧、葡萄等。具体方法:早春发芽前,选择母株上离地面较近枝条,剪去梢部不充实部分。然后开 5~10 厘米深的沟,将枝条水平压入沟中,用枝杈固定。待各节上芽萌发,新梢长至 20~25 厘米且基部半木质化时,在节上刻伤。随新梢增高分次培土,使每一节位发生新根,秋季落叶后挖起,分节剪断移栽。具体步骤如图 2-13 所示。

3. 曲枝压条

曲枝压条同样适用于枝条柔软、扦插生根较难的树种。在

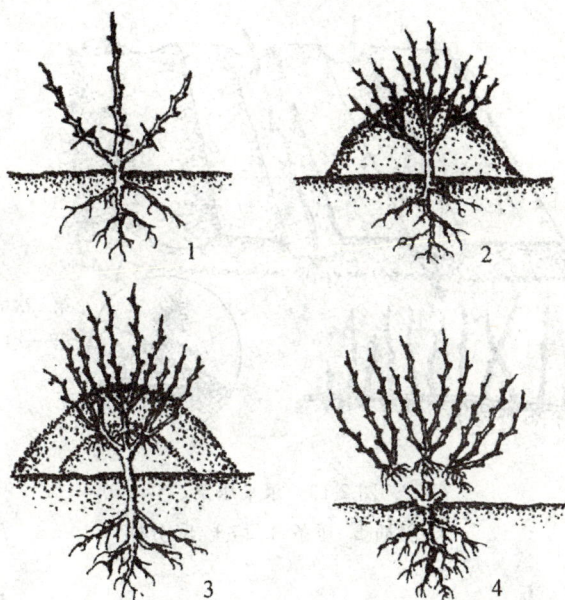

图 2-12 直立压条

1. 短截促萌 2. 第一次培土 3. 第二次培土 4. 扒垄分株

春季萌芽前或生长季新梢半木质化时进行。在压条植株上，选择靠近地面一二年生枝条，在其附近挖深、宽各为 15～20 厘米的沟穴，穴与母株距离以枝条中下部能弯曲压入穴内为宜。然后将枝条弯曲向下，靠在穴底，用沟状物固定，在弯曲处环剥。枝条顶部露出穴外。在枝条弯曲部分压土填平，使枝条入土部分生根，露在地面部分萌发新梢。秋末冬初将生根枝条与母株剪截分离。具体步骤如图 2-14 所示。

4. 空中压条

空中压条在生长季都可以进行，但以春季 4～5 月为宜。适用于木质较硬而不宜弯曲、部位较高而不宜埋土的枝条，以及扦插生根较难的珍贵树种的繁殖。具体方法是：选择健壮直立的

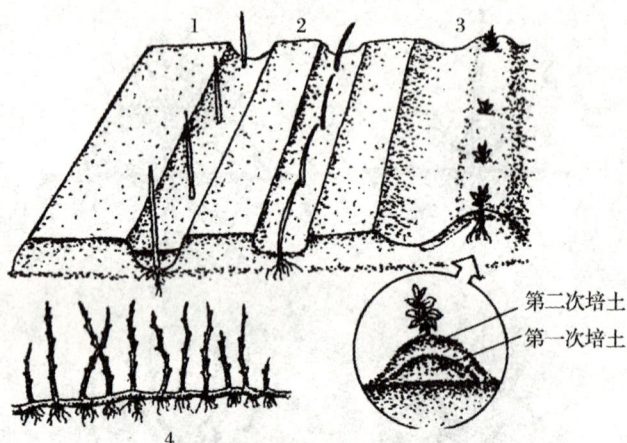

图 2-13　水平压条

1. 斜插 2. 压条 3. 培土 4. 分株

图 2-14　曲枝压条

1. 萌芽前刻伤与曲枝 2. 压入部位生根 3. 分株

1～3 年生枝，在其基部 5～6 厘米处纵刻或环剥，剥口宽度为 2～4 厘米，在伤口处涂抹生长素或生根粉，再用塑料布或其他防水材料，卷成筒套在刻伤部位。先将套筒下端绑紧，筒内装入松软的保湿生根材料如苔藓、锯末和沙质壤土等，适量灌水，然后将套筒上端绑紧,具体如图 2-15 所示。其间,注意经常检查,补充水分保持湿润。一般压后 2～3 个月即可长出大量新根。生根后连同基质切离母体,假植于荫棚等设施内,待根系长大后定植。这种方法育苗成活率高、方法简单、容易掌握,但也存在繁殖系数低、对母体损伤大的缺点,且大量繁殖苗木具有一定困难。生产上空中压条可作为快速培育盆栽果树的好途径。苹果、梨、葡萄等果树,易形成花芽枝条,环剥或刻伤处理,促其生根,形成花芽,脱离母体后第二年便可开花结果。

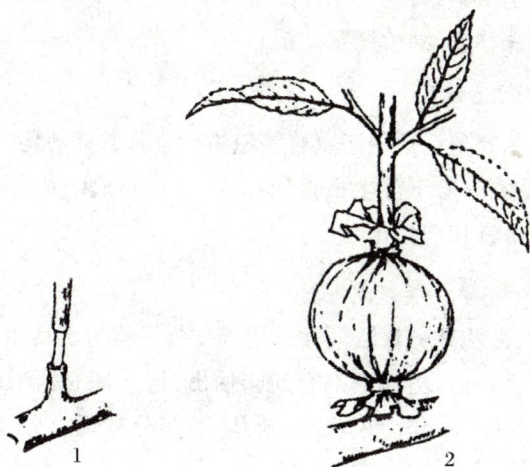

图 2-15 空中压条

1. 被压枝条处理状 2. 包埋生根基质状

(二)分株育苗

分株育苗就是利用母株的根蘖、匍匐茎、吸芽等营养器官在自然状况下生根后切离母体,培育成新植株的无性繁殖方法。这种繁殖方法因树种不同存在一定的差异。一般包括根蘖繁殖法、匍匐茎繁殖法和新茎、根状茎分株法。

1. 根蘖繁殖法

根蘖繁殖法适用于根部易发生根蘖的果树,如山楂、枣、樱桃、李、石榴、树莓、杜梨和海棠等。一般利用自然根蘖在休眠期栽植。具体方法是:在休眠期或萌芽前将母株树冠外围部分骨干根切断或刻伤,生长期加强肥水管理,促使根蘖苗多发旺长,到秋季或翌年春分离归圃培养。按行距 70～80 厘米、株距 7～8 厘米栽植,栽后苗干截留 20 厘米,进行精细管理。新栽幼苗继续发生萌蘖,其中一些进行嫁接,但不够嫁接标准的,次年春再度分株移栽,继续繁殖砧苗。

2. 匍匐茎繁殖法

匍匐茎繁殖法适用于草莓等植物。草莓的匍匐茎在偶数节上发生叶簇和芽,下部生根接地扎入土中,长成幼苗,夏末秋初将幼苗与母株切断挖出栽植。

3. 新茎、根状茎分株法

新茎、根状茎分株法同样适用于草莓等植物。具体方法:草莓在浆果采收后,当地上部有新叶抽出,地下部有新根生长时,整株挖出,将一二年生根状茎、新茎、新茎分枝逐个分离成为单株定植。

分株育苗应选择优质、丰产、生长健壮的植株作为母株,雌雄异株树种应选雌株。分株时尽量少伤母株根系,合理疏留根蘖幼苗,同时加强肥水管理,促进母株健旺生长,保证分株苗质量。

五、无病毒果苗培育

病毒病害是指由病毒、类病毒、类菌质体和类立克氏体引起的病害。而无病毒果苗是指经过脱毒处理和病毒检测,证明确已不带指定病毒的苗木。建立无病毒苗木繁育体系、健全去病毒检疫检验制度、培育无病毒原种、防止果苗带毒和人为传播是防治和克服果树病毒病危害的根本措施和唯一途径。

(一)无病毒母树培育

培育无病毒苗木,首先要有无病毒母树。而无病毒母树主要通过脱毒的途径来获得,果树苗木主要脱毒途径有以下四种。

1. 茎尖组织培养脱毒

病毒侵入植物体后,并非所有的组织都带有病毒,在生长点附近的分生组织大多不含有病毒。茎尖组织培养脱毒就是切取茎尖这一微小的无病毒部分(一般为 0.1～0.3 毫米),进行组织培养,从而获得无病毒的单株。其技术内容与规程如下:

(1)培养基配制。培养基配制可参考其他组织培养技术手册进行。

(2)取材。取材在春季发芽时,取田间嫩梢,用 70%酒精浸泡消毒 0.5 分钟,用 0.1%升汞(氯化汞)液消毒 10～15 分钟,然后用无菌水冲洗 3～5 遍。

(3)接种培养。在经过消毒并冲洗干净的材料上,切下带有 1～2 个叶原基的生长点,长 0.1～0.2 毫米,接种于培养基上培养。培养温度为 28～30℃,光照度为 1500～2000 勒克斯(lx),光照时间每天 10 小时左右。

(4)继代培养。在初代培养基础上进行继代培养。方法是在无菌条件下切取茎尖产生的侧芽,接种到增殖培养基上培养。

(5)诱导生根。将增殖得到的芽或新梢移植到生根培养基上,经诱导生根培养,得到完整的试管苗。

(6)移栽。移栽前将幼苗 2～3 天培养后,用水洗去培养基,移栽到装有腐殖质与沙(比例 1:1)的混合基质的塑料钵中,放在温室中生长 10 天左右后移栽于室外,按常规方法管理。成活后经检测没有病毒后,便获得了茎尖组织培养的脱毒苗。

2. 热处理脱毒

热处理也叫温热疗法,是利用病毒和植物细胞对高温忍耐性不同,利用这个差异,选择适当高于正常的温度处理染病植株,使植株体内的病毒部分或全部失活,而植株本身仍然存活。将不含病毒的组织取下,培育成无病毒个体。苹果树苗的具体脱毒步骤是:先将带毒的芽片嫁接在未经嫁接过的实生砧木上,成活后促进萌发,然后把萌发的植株放入(38±1)℃的恒温器内处理 3~5 周。从经过热处理的植株上,剪下正在生长的新梢顶端,长 1.0~1.5 厘米,嫁接在未经嫁接的砧木上,嫁接成活并生长到一定高度时,取一部分芽片接种在指示植物上进行病毒试验,确认无病毒后,作为无病毒母本树繁殖无病毒苗木。

3. 热处理结合茎尖培养脱毒

在单独使用热处理或单独使用茎尖培养脱毒都不奏效时,使用热处理结合茎尖培养法脱毒。热处理既可在茎尖离体之前的母株上进行,也可在茎尖培养期间进行。一般以前一种方法的处理效果较好。

4. 离体微尖嫁接法脱毒

离体微尖嫁接法脱毒是茎尖培养与嫁接方法相结合,用以获得无病毒苗木的一种技术。它是将 0.1~0.2 毫米接穗茎尖嫁接到试管中的无菌实生砧苗上,继续进行试管培养,愈合成完整植株。

(二)繁殖无病毒苗木要求

(1)获得无病毒原种材料后,要分级建立采穗用无病毒母本园。母本园应远离同一树种 2 千米以上,最好栽植在防虫网设备的网室内。母本树应建立档案,定期进行病毒检测,一旦发现病毒,立即取消其母本树资格。

(2)繁殖无病毒苗木的单位或个人,必须填写申报表,经省级主管部门核准认定,并颁发无病毒苗木生产许可证。

(3)繁殖无病毒苗木的苗圃地,应选择地势平坦、土壤疏松、有灌溉条件的地块,同时也应远离同一树种2千米以上,远离病毒寄主植物。

(4)繁殖无病毒苗木使用的种子、无性系砧木繁殖材料和接穗,必须采自无病毒母本园,附有无病毒母本园合格证。

(5)繁殖无病毒苗木的嫁接过程,必须在专业人员的监督指导下进行,且嫁接工具要专管专用。

(6)繁殖无病毒苗木,须经植物检疫机构检验,合格后签发无病毒苗木产地检疫合格证,并发给无病毒苗木标签,方可按无病毒苗木出售。

(三)无病毒苗木培育

在苗圃中,用无病毒母株上的材料建立无毒材料繁殖区。利用繁殖区的无毒植株压条或剪取枝条扦插,培育无毒的自根苗,或在未经嫁接过的实生砧木上嫁接无毒品种,培育无毒的嫁接苗。繁殖区内的植株经过5～10年,要用无毒母本园保存的材料更新一次。

第二节　园地选择

建立商品生产果园应选择生态条件良好,环境质量合格,并具有可持续生产能力的农业生态区域。生态条件良好就是坚持适地适栽的原则,在果树的生态最适宜区或适宜区选择园地,并从中选出最佳地段作为园址。环境质量合格是指园地的空气、土壤及农田灌溉水必须符合国家标准。可持续生产能力,就是选择良好的环境条件,保护生态环境,采用无公害生产技术,实现优质、丰产、高效和永续利用的目标。

一、果园类型简介

果园应建在果树的生态最适宜区和适宜区。常见的类型有丘陵山地果园,一般平坦地果园,沙滩地、盐碱地及滨湖滨海地果园等。生产上一般从气候、土壤、地势、水源、社会经济条件等方面分析评价各类园地的优劣,并以生态因素为主要依据。通常在地势平坦或坡度小于 5 度的缓坡地带最适合建园。具体要求是土层深厚、疏松肥沃、水土流失少、管理方便、环境质量符合绿色果品生产要求。

丘陵山地建园时,一要选择山麓地带和相对海拔在 200~500 米的低位山带建园;二要充分利用丘陵山区的小气候带;三要考虑坡向和坡形的作用。通常南坡向阳,光照充足,昼夜温差大,建园果树产量高、品质好,但易发生霜冻、干旱及日烧。北坡与南坡相反,东坡与西坡的优缺点介于南坡和北坡之间。

一般平坦地建园,应选择地势开阔、地面平整、土层深厚、肥水充足、便于机械化管理和交通运输的地方。但在通风、光照、昼夜温差、控排水方面,不如山地果园,果品品质如外观品质、可溶性固形物、风味和耐储性方面比山地果园差。在选择园址时,关键要避开地下水位高的地段。

沙滩地、盐碱地及滨湖滨海地可选择部分宜林宜果地带,有针对性地采取措施改良土壤,提高肥力之后再建园。而重茬地建园必须彻底进行土壤改良。一般采用连续 4~5 年种植其他作物,尤其豆科作物或绿肥,并翻入土中。如在短时间内重茬建园,应采取全园土壤消毒或深翻、换土等方法。

二、果园环境标准

无公害果品是目前我国果树生产的基本要求。其核心内容是果品在生产、储运过程中,通过严密监测、控制,防止农药残留、放射性物质、重金属、有害细菌等对果品生产及运销各个环节的污染,从而保证消费者的健康,并保持果园及其周围良好的生态环境。选择无污染的产地环境条件是生产无公害果品的基础,根据无公害果品产地环境条件标准,果园环境标准主要包括空气环境质量、农田灌溉水质量和土壤环境质量三个方面的内容,这三个方面的有关要求应达到国家有关标准。

第三节　果园规划

一、建园调查与园地测绘

(一)建园调查

建园调查首先应进行社会调查与园地踏查。社会调查主要是了解当地经济发展状况、土地资源、劳力资源、产业结构、生产水平与果树区划等,在气象或农业主管部门查阅当地气象资料,采集各方信息。园地踏查主要是调查掌握规划区的地形、地势、水源、土壤状况和植被分布及园地小气候条件等。其次还要进行果品市场构成调查,包括拟发展果品目前市场的基本结构、消费需求、价格变动规律及中长期发展趋势预测,进而为确定良种果树提供依据。

(二)园地测绘

利用经纬仪或罗盘仪对规划区进行导线及碎部测量,达到规定精度要求,绘制成 1:(5000~25000)的平面图。图中须标明地界、河流、村庄、道路、建筑物、池塘、耕地、荒地以及植被等,并计算面积。山地果园规划还应进行测量,绘制地形图。

二、总体规划设计

(一)小区的划分

小区也称为作业区,是果园土壤耕作和栽培管理的基本单位。划分小区应根据果园面积、地形等情况进行,应使同一小区内的地势、土壤、气候条件等尽量保持一致。

平地果园小区面积以 4~8 公顷为宜;山坡与丘陵地果园小区面积 1~2 公顷即可;统一规划而分散承包经营的小果园,可不划分小区,以承包户为单位,划分成作业田块。

小区形状在平地果园应呈长方形,其长边尽量与当地主风方向垂直。山地果园小区的形状以带状为宜,或随特殊地形而定,其长边最好在同一等高线上。

大型果园进行土地规划时,各类用地比例为:果树栽培面积80%~85%,防护林 5%~10%,道路 5%,房屋、包装场、水池、粪池等约占 5%。

(二)道路规划

果园道路的布局应与栽植小区、排灌系统、防护林、储运及生活设施相协调。在合理便捷的前提下尽量缩短距离。面积在8 公顷以上的果园,即大型果园应设置干路、支路、小路。干路应与附近公路相接,园内与办公区、生活区、储藏转运场所相连,并尽可能贯穿全园。干路路面宽为 6~8 米,能保证汽车或大型拖拉机对开;支路连接干路和小路,贯穿于各小区之间,路面宽为 4~5 米,便于耕作机具或机动车通行;小路是小区内为了便于管理而设置的作业道路,路面宽为 1～3 米,也可根据需要临时设置。对于中小型果园,园内仅规划支路和小路。

(三)灌排系统

灌排系统包括灌溉系统和排水系统。灌溉系统的灌溉方式有沟灌、喷灌、滴灌和渗灌等。不同的灌溉方式在设计要求、工程造价、占用土地、节水功能及灌溉效应等方面差异很大,规划时应根据具体情况而定。排水系统因地形不同,所采取的排水方式也不同。平地果园排水方式主要有明沟排水与暗沟排水两种。明沟排水系统主要由园外或贯穿于园内的排水干沟、区间的排水支沟和小区内的排水沟组成。各级排水沟相互连接,干沟的末端有出水口。小区内的排水小沟一般深 50～80 厘米;排水支沟深 100 厘米左右;排水干沟深 120～150 厘米,使地下水位降到 100～120 厘米以下。盐碱地果园各级排水沟应适当加深。暗沟排水是在地下埋设瓦管管道或石砾、竹筒等其他材料构成排水系统。暗沟设置的深度、沟距与土壤的关系见表 2-1。

表 2-1 暗沟深度与土壤的关系

土壤	沼泽土	沙壤土	黏壤土	黏土
暗沟深度/m	1.25～1.5	1.1～1.8	1.1～1.5	1.0～1.2
暗沟间距/m	15～30	15～35	10～25	8～12

山地果园主要是考虑排除山洪。其排水系统包括拦洪沟、排水沟和背沟等。拦洪沟是在果园上方沿等高线设置的一条较深的沟。可将上部山坡的洪水拦截并导入排水沟或蓄水池中。其规格应根据果园上部集水面积与最大降水强度时的流量而定,一般宽度和深度为 1.0～1.5 米,比降 0.3%～0.5%,并在适当位置修建蓄水池,使排水与蓄水结合进行。山地果园排水沟设在集水线上,方向与等高线相交,汇集梯田背沟排出的水而

排出园外。排水沟宽 50～80 厘米,深 80～100 厘米。在梯田内修筑背沟(也称集水沟),沟宽 30～40 厘米,深 20～30 厘米,保持 0.3%～0.5%的比降,使梯田表面的水流入背沟,再通过背沟导入排水沟。

(四)配套设施

果园内的各项生产、生活用的配套设施,主要有管理用房、宿舍(农药、肥料、工具、机械库等)、果品储藏库、包装场、晒场、机井、蓄水池、药池、沼气池、加工厂、饲养场和积肥场地等。通常管理用房建在果园中心位置,包装与堆储场应设在交通方便相对适中的地方。储藏库设在阴凉背风连接干路处;农药库设在安全的地方;配药池应设在水源方便处,饲养场应远离办公和生活区,山地果园的饲养场宜设在积肥、运肥方便的较高处。

(五)防护林的设置

果园防护林系统可调节果园的生态小气候,调节温湿度平衡,减弱风力,减轻霜冻,为果树生长发育创造良好的生态环境。在没有建立农田防护林网的地区建园,都应在建园之前或同时营造防护林。

防护林带的有效防风距离为树高的 25～35 倍,由主、副林带相互交织成网格。主林带是以防护主要有害风为主,其走向垂直于主要有害风的方向,若条件许可,交角在 45℃以上也可;副林带则以防护来自其他方向的风为主,其走向与主林带垂直。在山谷坡地营造防风林时,主林带最好不要横贯谷地,谷地下部一段防风林,应稍偏向谷口,且采用透风林带。在谷地上部一段,防风林及其边缘林带应该是不透风林带,而与其平行的副林带应为网孔式林型。

防护林根据林带的结构和防风效应,可分为紧密型林带、稀疏型林带、透风型林带三种类型。紧密型林带由乔木、亚乔木、灌木组成，林带上下密闭，透风能力差，风速 3～4 米/秒的气流很少透过，透风系数小于 0.3，其防护距离较短，但在防护范围内的效果显著。稀疏型林带由乔木和灌木组成，林带松散稀疏，风速 3～4 米/秒的气流可部分通过林带，方向不改变，透风系数为 0.3～0.5。背风面风速最小区出现在林高的 3～5 倍处。透风型林带一般由乔木构成，林带下部（高 1.5～2.0 米处）有很大空隙透风，透风系数为 0.5～0.7。背风面最小风速区为林高的 5～10 倍处。

林带的树种应选择适合当地生长、与果树无共同病虫害、生长迅速的树种，同时防风效果好，具有一定的经济价值。林带由主要树种、辅佐树种和灌木组成。主要树种应选用速生高大的深根性乔木，如杨树、洋槐、水杉、榆树、泡桐、沙枣、樟树等。辅佐树种可选用柳树、枫树、白蜡树，以及可供砧木用的树种，如山楂、山定子、海棠、杜梨、桑、文冠果等。灌木可选用紫穗槐、灌木柳、沙棘、白蜡条、桑条、柽柳及枸杞等。为增强果园防护作用，林带树种也可用花椒、皂角、玫瑰花等带刺树种。

一般果园的防护林以营造稀疏型或透风型为好。平地、沙滩地果园应营造防风固沙林。一般果园四周栽 2～4 行高大乔木，迎风面设置一条较宽的主林带，风向与主风向垂直。通常由 5～7 行树组成，主林带间距为 300～400 米。同时要与主林带垂直营造副林带，由 2～5 行树组成，副林带间距为 300～600 米。主林带宽度以不超过 20 米，副林带宽度不超过 10 米为宜。株行距乔木为 1.5×2.0 米，灌木为（0.5～0.75）×2 米，树龄大时适当间伐。林带距果树距离，北面应不小于 20～30 米，南面为 10～15 米。为不影响果树生长，应在果树和林带之间挖一条宽 60 厘米、深 80 厘米的断根沟（可与排水沟结合用）。

(六)山地果园水土保持工程

山地果园水土保持工程主要有水平梯田、等高撩壕和鱼鳞坑三种形式。①水平梯田是山地水土保持的有效方法。在修筑水平梯田之前,先要进行等高测量,然后根据坡度和栽植行距设计梯田面的宽度。坡度小或栽植行距大,田面应宽些,反之则可窄些。一般每块梯田只栽一行树者,梯田面宽度不应小于 3 米;栽两行树的不应小于 5 米。在修筑梯田时应先修梯壁。②等高撩壕简称撩壕,是在坡面上按等高线挖横向浅沟,将挖出的土堆在沟的外侧筑成土埂。果树栽在土埂外侧。撩壕只适宜在坡度为 5～10 度且土层深厚平缓地段应用。撩壕前,选一坡度适中的坡面,由上而下拉一直线为基线,然后按果树栽植的行距,将基线分成若干段,并在各段的正中间打出基点,以基点为起点,按 0.3％的比降向左右延伸,测出等高线,再取 50～70 厘米距离,划出平行于等高线的两条线。撩壕时将两条平行线间的土挖出,堆在下坡方向,培成弧形宽埂。壕沟宽一般为 50～70 厘米。深为 40 厘米左右,沟内每隔一定距离做一小坝。具体见图 2-16。③鱼鳞坑是一种面积极小的单株台田,由于其形似鱼鳞而得名。此法适用于坡度大、地形复杂、不易修筑梯田和撩壕的山坡。修鱼鳞坑时,先按等高原则定点,确定基线和中轴线,然后在中轴线上按株行距定出栽植点,并以栽植点为中心,由上部取土,修成外高内低半月形的小台田。具体见图 2-17。

(七)树种与品种选择

建园选择树种、品种时要注意 3 点:一是选择具有独特经济性状的优良品种;二是所选树种、品种能适应当地气候和土壤条件,达到优质与丰产;三是适应市场需要,适销对路,经济效益高。但作为生产果园树种和品种都不宜过多,一般主栽树种一

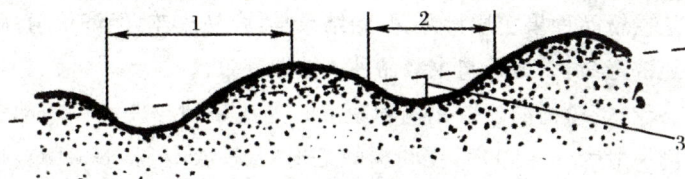

图 2-16 等高撩壕
1. 等高线 2. 壕沟 3. 沟底

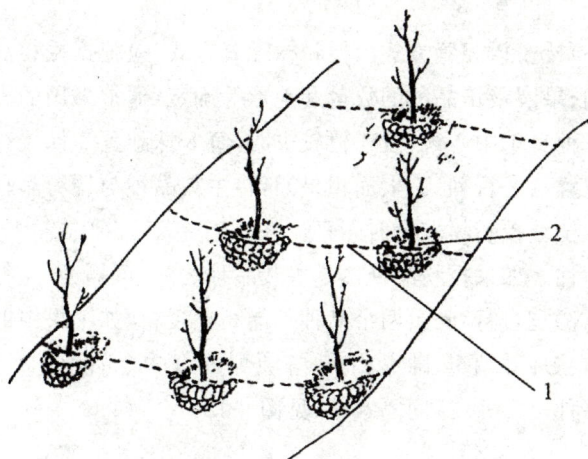

图 2-17 鱼鳞坑
1. 等高线 2. 鱼鳞坑

个,主栽品种 2~3 个即可。

(八)果树栽植设计

1. 授粉树的配置

(1)授粉树的标准。授粉树应具备 3 条标准:一是与主栽品种授粉亲和力强,最好能相互授粉。二是授粉品种花粉量大,与主栽品种花期一致,树体长势基本相似,如主栽品种是短枝型品种,其授粉树也应是短枝类型;如果是矮化砧,两者也应相同。

三是授粉品种果实质量好,开始结果早,容易成花,经济价值高,且经济寿命长,最好与主栽品种成熟期一致。

(2)授粉树的配置比例和距离。主栽品种与授粉树的配置比例一般为(4~5):1,授粉树缺乏时,最少要保证(8~10):1。配置距离应根据昆虫活动范围、授粉树花粉量的大小以及果树的栽植方式而定。距离主栽品种以10~20米为宜,花粉量少时要更近一些。

(3)授粉树配置方式。授粉树配置方式,应根据授粉品种所占比例、果园栽培品种的数量和地形等确定,通常采用的配置方式有三种。①中心式:授粉树较少时,每8株配置1株授粉树于中心位置。②行列式:大面积果园,将主栽品种与授粉品种分别成行栽植。授粉树较少时,每隔2~3行主栽品种配置1~2行授粉品种。如果授粉品种也是主栽品种之一,可隔3~4行等量栽植。③复合行列式:两个品种不能相互授粉,如苹果中的某些多倍体品种乔纳金、陆奥、北斗等须配置第3个品种进行授粉,每个品种可1~2行间隔栽植(见图2-18)。

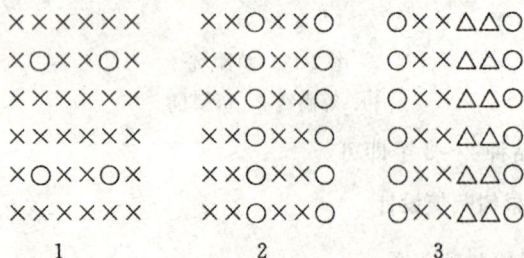

图 2-18　授粉树配置方式

×为主栽品种,○、△为授粉品种

1. 中心式 2. 行列式 3. 复合行列式

2. 栽植密度

确定果树合理栽植密度的根本依据是树体大小,根据所选树种及品种在果园具体环境条件和既定的栽培管理制度下,能够或者要求达到的最大体积来确定,树体愈小,栽植密度愈大。在生产中可根据以下因素综合确定。

(1)树种和品种特性。不同树种、品种的树冠大小和生长势不同,株行距应有所不同。一般苹果＞梨＞桃＞葡萄;普通型品种＞短枝型品种。

(2)砧木种类。砧木种类、使用方式和砧穗组合不同,树冠大小也不同。一般普通品种/乔化砧＞短枝型品种/乔化砧;普通品种/半矮化砧＞普通品种/矮化砧。同一种矮化砧,用作中间砧比自根砧树冠大,则其栽植密度应减少。

(3)自然条件。一般山坡地栽植密度应比土质良好的平地大。在高纬度和高海拔地区,栽植密度应加大。气候温暖、雨量充足、水利条件较好,树冠高大,栽植密度小。

(4)栽植制度。精细合理的栽培技术应加大栽植密度,也可采用变化性密植,将全部果树分为永久性植株和临时性植株(也叫加密果树),后者应采取适当间伐的栽培技术。大面积果园机械化耕作应适当放宽行、株距。

3. 栽植方式

栽植方式以经济利用土地,提高单位面积经济效益和便于栽培管理为原则。

(1)长方形栽植。长方形栽植是生产上广泛采用的栽植方式。果树栽植的行向,一般以南北行向为好,尤其是平地果园更为显著。其栽植株数＝栽植面积(m^2)/株距(m)×行距(m)。

(2)正方形栽植。行距和株距相等。植株呈正方形排列,便于纵向、横向作业管理,但密植郁闭,不利于间作。其栽植株数＝栽植面积(m^2)/株距(m)×行距(m)。

(3)带状栽植(双行栽植、篱植)。宽窄行栽植,一般双行成带,带距为行距的3～4倍。带内较密,群体抗逆性较强,但带内光照条件较差,管理不便,应用较少。

(4)等高栽植。适于山地丘陵地果园。栽时掌握"大弯就势","小弯取直"的方法调整等高线,并对过宽、过窄处适当增减树行,在行线上按株距栽植。

(5)城镇绿化或观光果树。可采用孤植、对植、丛植等不规则栽植方式,也可作为行道树进行列植或专类园按一定的行株距进行成片栽植,供游人观赏或采摘。

三、编写果园规划设计说明书

果园规划要最终完成规划设计文书——果园规划设计说明书,并附规划平面图、主要工程设计图。果园规划设计说明书的缩写方式和主要内容包括八个部分:即规划依据、规划区基本情况、总体规划设计、服务保障体系、建设投资概算、经济效益分析、总体实施安排、规划设计图纸等。

(一)规划依据

(1)果园建设的背景、目的、规模和经营方式等。

(2)规划设计工作过程,如调查、文献信息资料查阅、实地考察、咨询研讨、分析论证、测绘和规划设计等工作情况。

(二)规划区基本情况

(1)地理位置及区域范围。规划区所处的区域位置、经纬度、四至(东、西、南、北临界接壤处)、总体地形及规划设计总面积等。

(2)气候资源。包括以下内容：①光热资源。年日照时数，年总辐射量。②热量资源。年平均气温、年极端最高平均气温、极端最高气温、年极端最低平均气温、极端最低气温、≥10℃有效积温等。③降水和蒸发。年平均降水量，年平均自然植被蒸发量。④无霜期。年平均无霜期，无霜期最早日期、最晚日期。⑤灾难性气候。当地容易遭受的自然灾害，如干旱、洪涝、霜冻、冰雹、沙尘暴及风害等。

(3)水资源。过境水(河流)、地表水、地下水。

(4)土地资源。区内土地资源总体情况、土地面积与利用情况(农业生产用地面积与比例、非农业生产用地面积与比例)、土壤类型等。

(5)劳动力资源。

(6)生产现状及产业结构。

(三)总体规划设计

(1)作业区划分。作业区划分是指小区数量、位置、面积形状等。

(2)道路规划。干、支、小路规划设计具体情况。

(3)排灌系统设计。果园灌溉系统、排水系统设计。

(4)配套设施建设。管理(生活)用房、藏库、包装场、晒场、配药池、畜牧场及农机具等。

(5)防护林设计。防护林面积、树种、栽植方式及用苗量等。

(6)山地果园水土保持工程设计。修筑梯田撩壕等工程建设设计。

(7)树种与品种设计。设计依据,树种与品种选择,授粉树配置等。

(8)果树栽植设计。栽植密度、栽植方式、苗木用量、肥料用量及栽植用工计划等。

（四）服务保障体系

服务保障体系包括技术保障体系、信息服务体系、组织管理和协调体系。

（五）建设投资概算

（1）规划设计概算的原则和依据。

（2）各主要工程项目分项概算。

（3）建设投资总概算。

（六）经济效益分析

从建园投资费用，果园管理费用（果园的土、肥、水管理，整形修剪，花果管理和病虫害防治等），果品加工渠道、销售渠道，当地市场果品需求情况，当地果品价格等方面对拟建果园的经济效益方面进行分析。

（七）总体实施安排

总体实施安排如下：建园调查与测绘→果园土地规划→树种、品种选择和授粉树配置→果园防护林设计→水土保持规划设计→果园排灌系统规划设计→果树栽植。

（八）规划设计图纸

规划设计图纸主要内容，包括果园建设设计总平面图和主要工程设计图纸。

（1）果园建设设计总平面图，包括果园的生产用地和非生产用地总体规划设计的基本情况。

（2）主要工程设计图纸，主要包括果园防护林的设计图纸、水土保持工程设计图纸、果园排灌系统设计图纸、果园道路及管理用房设计图纸等。

第四节　果树栽植技术

一、常规栽植技术

(一)栽植时期的选择

果树主要在秋季落叶后至春季萌芽前栽植。具体时间应根据当地气候条件及苗木、肥料、栽植坑等准备情况确定。秋栽一般在霜降后至土壤结冻前栽植。秋栽有利于根系恢复,次年春季发根早,萌芽快,成活率高。但在冬季寒冷风大、气候干燥的地区,必须采取有效的防寒措施,如埋土、包草、套塑料袋等。春栽在土壤解冻后至发芽前栽植。春栽宜早不宜迟,一般在立春后即可栽植。栽后如遇春旱,应及时灌水。一般北方多春栽。早秋带叶栽植在9月下旬至10月上旬。但带叶栽植应就近育苗就近栽植;提前挖好栽植坑;挖苗时少伤根多带土,随挖随栽;适宜阴雨天或雨前栽。

(二)栽植点确定

建园时,应确保树正行直。为此,挖坑前必须按照设计的株、行距,测量放线并准确定出栽植点。

1. 平地穴栽

选园地较垂直的一角,划出两条垂直的基线。在行向一端的基线上,按设计行距量出每一行的点,用石灰标记。另一条基线标记株距位置。在其他3个角用同样方法划线,定出四边及行、株距位置,并按相对应的标记拉绳,其交点即为定植点。然后标记出每一株的位置。

2. 平地沟栽

用皮尺在园地分别拉直角三角形,划出垂直的四边基线。

在行向两端的基线上,标记出每一行的位置,另两条对应基线标记株距位置。接着在两条行距的基线上,按每行相对的两点拉绳,划出各行线,再按栽植沟的宽度要求(80~100厘米),以行线为中心向两边放线,划出栽植沟的开挖线。四周基线上的株、行距标记点应保护好。

3. 山地定植

山地以梯田走向为行向,在确定栽植点时,应根据梯田面宽度和设计行距确定。如果每台梯田只能栽一行树,则以梯田面的中线或距梯田外沿 2/5 处为行线。向左右延伸按株距要求标记定植点。在遇到田面宽窄不等时,酌情采取加减行处理。

(三)栽植坑挖掘和回填

1. 早挖坑

定植坑应提早 3~4 个月挖好。一般秋栽树夏挖坑,春栽树秋挖坑,早挖坑早填坑。

2. 挖大坑

设计株距在 3 米以上的可挖栽植穴,以标记的栽植点为中心,挖长、宽、深都为 80~100 厘米的坑;栽植株距在 3 米以下时应挖栽植沟,沟宽 70~100 厘米,深 80 厘米左右。下层土壤坚实或土质较差的地块,应适当加深。挖掘时要把表、底土分开堆放,拣出粗沙或石块等杂物。

3. 回填灌水

坑挖好后,将秸秆、杂草或树叶等有机物与表土分层填入坑内。在每层秸秆上撒少量生物菌肥或氮素化肥,尽量将好土填入下层,每填一层踩踏一遍。填至离地表 2 厘米左右时,撒入一层粪土。粪土用优质农家肥按每株 25 千克左右的用量与表土拌匀后撒入。土壤回填后,有灌溉条件的应立即灌水,使坑内土壤和有机物充分沉实。

(四)栽植方法

1. 苗木栽植前的处理

苗木栽植前按大小分类,使同类苗木栽在同一地块或同一行内。质量较差的弱小、畸形和伤残苗应另行假植,作为补苗用的预备苗。将分类后壮苗的根用 $1‰ \sim 2‰$ 过磷酸钙浸泡 $12 \sim 24$ 小时,然后蘸泥浆栽植。运往地里的苗木,在未栽植前先用湿土将根系封埋,边栽边取。

2. 栽植技术

栽时先将栽植坑修整。高处铲平,低处填起,深度保持 25 厘米左右,并将坑中间培成小丘状(见图 2-19)。

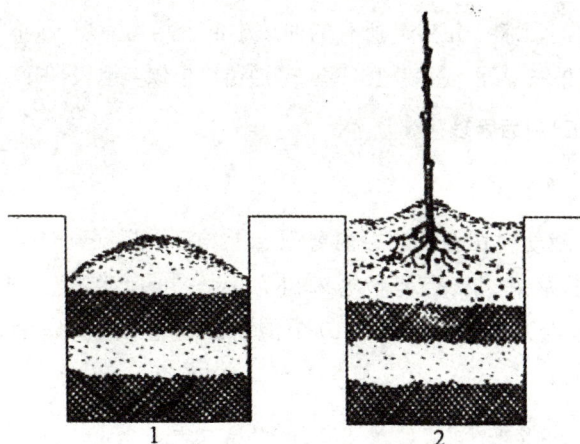

图 2-19 土壤回填与栽植
1. 封回填 2. 苗木栽植

栽植沟可培成龟背形的小长垄。然后拉线核对准确栽植点并打点标记。将苗木放于定植点,目测前后左右对齐,做到树端行直。根系周围尽量用表土填埋,填土时轻轻提动苗木使根系舒展,边填土边踏实,将坑填平后培土整修树盘,然后浇透水。当水下渗后撒一层干土封穴。苗木栽植深度一般普通乔化苗以嫁接口稍高出地面为宜。矮化中间砧苗生产上多采用"深栽浅埋,分批覆土"的方法,就是回填灌水后的栽植坑,合墒修整,深度保持 35 厘米左右,将苗放入坑内,使中间砧 $1/2\sim2/3$ 处与地面持平,然后填土栽苗,土壤培至中间砧接口处踏实灌水,剩余部位暂不填土。进入 6 月份,结合田间松土除草,给坑内填充湿润细土 $10\sim15$ 厘米;相隔 25 天左右再用湿润细土将坑填平。

整个栽植过程可概括为一个大坑,一筐有机肥(优质有机肥 $15\sim20$ 千克,若用土杂肥则为 $100\sim200$ 千克),一把化肥($50\sim100$ 克),一担水(100 千克),一块地膜。在整个栽植过程中应注意两点:①肥料一定要与所有的回填土混合均匀后填入,不能施于土层或根系附近。②栽植深度。普通苗以根颈与地表平齐为宜。

(五)栽后管理

1. 修剪定干

新栽幼树在春季萌芽前剪截定干。定干高度应根据整形要求决定,苹果、梨、杏和李等果树为 $70\sim90$ 厘米,剪口下 $25\sim30$ 厘米内为整形带,有 $8\sim10$ 个饱满芽。定干后立即用封剪油涂抹剪口。

2. 适时灌水

春栽苗应浇好定植水,及时松土或覆盖保墒,萌芽期根据墒情灌水。秋栽苗在春季萌芽前适当灌水。5 月以后气温升高要注意灌水;$7\sim8$ 月高温干旱季节应适时灌水;进入 9 月之后要控制灌水;入冬前应灌足越冬水。无灌溉条件的地区应覆盖保墒。

3. 覆膜套袋

覆膜套袋是旱地建园不可缺少的措施。有灌溉条件的地方也应推广应用。新栽幼树连续覆盖 2 年效果更好。覆盖地膜应根据栽植密度而定。株距在 2 米以下的密植园可成行连株覆盖;株距在 2 米以上的果园用 1 米见方的小块地膜单株覆盖。覆膜前应将树盘浅锄一遍,打碎土块,整成四周高而中间稍低的浅盘形。覆膜时,将地膜中心打一直径 3.5～4.0 厘米的小孔后从树干套下,平展地铺在树盘上。紧靠树干培一拳头大的小土堆,地膜四周用细土压实。地膜表面保持干净,下雨冲积的泥土要细心清理,破损处及时用土压封。进入 6 月以后,应在地膜上再覆一层秸秆或杂草,也可覆土 5 厘米左右。在寒冷、干旱、多风地区,应在苗干上套一细长塑料袋。用塑料薄膜做成直径 3～5厘米,长 70～90 厘米的细长塑料袋,将其从苗木上部套下,基部用细绳绑扎,周围用土堆成小丘。幼树发芽时,将苗木基部土堆扒开,剪开塑料袋顶端,下部适当打孔,暂不取下。发芽 3～5天后,在下午将塑料袋取掉。

4. 补栽缺苗

幼树发芽展叶后要检查成活情况。若发现死亡现象应分析原因,采取有效措施补救。缺株应立即用预备苗补栽。如果苗干部分抽干,应剪截到正常部位。夏季发生死苗、缺株,要在秋季及早补苗。最好选用同龄而树体接近的假植苗,全根带土移栽。

5. 追施肥料

幼树施肥应少量多次。栽树时已施定植肥的,可在新梢长到 15 厘米左右追施尿素 50 克/株,方法是距离树干 35 厘米左右,挖 4～5 个小坑均匀施入,待新梢长到 30 厘米时再追尿素

50 克/株。

7 月下旬追施 N、P、K 三元复合肥 50～80 克/株。除土壤施肥外,还应加强根外追肥。结合防治病虫害喷药,生长前期(8 月上旬以前)喷 0.3%～0.5%尿素,生长后期(8 月上旬以后)喷 0.3%～0.5%磷酸二氢钾或交替喷施光合微肥、腐殖酸叶肥等。

6. 夏季修剪

萌芽后,对靠近地面的萌蘖及时抹除。新梢长达 25～30 厘米时,幼树旺盛新梢不足 4 个,应对中干延长枝重摘心,掐去梢尖 3～5 厘米。摘心时间在 7 月中旬以前。生长较旺而枝条角度小时,秋季拉枝开角。

7. 越冬防寒

(1)树干刷白。在霜冻来临前,用生石灰 10 千克、硫磺粉 1 千克、食盐 0.2 千克,加水 30～40 千克搅拌均匀,调成糊状,涂刷主干。

(2)冻前灌水。冻前进行浇水或灌水。灌水降温之前进行,灌后即排。浇水结合施用人粪尿,效果更好。但应注意冻后不要再灌水。

(3)熏烟。在寒流来临前,果园备好谷壳、锯木屑、草皮等易燃烟物,每隔 10 米一堆(易燃烟物渗少量费柴油),在寒流来临前当夜 22:00 点后,点燃易燃烟物。

(4)覆盖。冬季树盘周围用绿肥、秸秆、芦苇等材料覆盖 10～20 厘米,或用地膜覆盖。

(5)冻后急救措施。①摇去积雪。树冠上积雪及时摇去或用长棍扫去,以防积雪压断枝条。②喷水洗霜。霜冻后应抓紧在化霜前,用粗喷头喷雾器,喷水冲洗凝结在叶上的霜。③清除枯叶。叶片受伤后,应及时打落或剪除冻枯的叶片。④及时灌溉。解冻后及时灌水,一次性灌足灌透。

8. 病虫害防治

幼树萌芽初期主要防治金龟子和象鼻虫等为害。可在为害期内利用废旧尼龙纱网作袋,套在树干上。此外,应注意防治蚜虫、卷叶虫、红蜘蛛、浮尘子等害虫及早期落叶病、白粉病和锈病等侵染性病害。具体防治方法参照前面有关育苗部分。

二、矮化中间砧苗栽植技术

矮化中间砧苗,中间砧入土 1/2～2/3。生产上多采用"深栽浅埋,分批覆土"技术。具体做法是:回填灌水后的栽植坑,合墒修整,深度保持 35 厘米左右。将苗放入坑内,使中间砧1/2～2/3处与地面持平,然后填土栽苗,土壤培至中间砧接扣处踏实灌水,剩余部位暂不填土。进入 6 月,结合田间松土除草,给坑内填充湿润细土 10～15 厘米;相隔 25 天左右再用湿润细土将坑填平。

三、特殊栽植技术

(一)干旱半干旱地区建园

1. 选用壮苗

选用壮苗是提高栽植成活率的前提。无论是自育还是外购苗木,都应选用根系发达、茎干粗壮、芽体饱满等特点的纯正一级苗。

2. 利用砧木苗建园

在准备建园地段,根据规定株行距,就地播种或栽植砧木,当砧木长到一定大小时采用高接方法。

3. 提早挖坑

在水源缺乏的旱地栽树,可提早 3～5 个月,在雨季之前挖 1 立方米的大坑并及时回填。如果没有提早整地,可采取小坑栽植技术。小坑应挖成上下小、中间大的水罐形,一般宽 30 厘米,深 50～60 厘米。要随挖坑随栽树。填土时务必将小坑周围踏实,而坑中心根系附近的土壤宜稍微虚一些,使水分集中渗入根系附近的土壤中。

4. 使用保水防旱材料

(1)使用保水剂。旱地建园时,可将保水剂投入大容器中充分浸泡,再与土壤拌匀后施入坑中。

(2)喷施高脂膜。幼树定植后,将高脂膜稀释后用一般喷雾器在树干和树盘喷施。也可在苗木成活展叶之后及入冬前喷施。

5. 越冬埋土防寒

干旱寒冷地区秋冬栽植,入冬前将苗木细心弯曲,培土 40～50 厘米(见图 2-20),以防止冻害,避免抽条。一二年生幼树,也应采取埋土、套袋、包草或喷施高脂膜等措施保护。

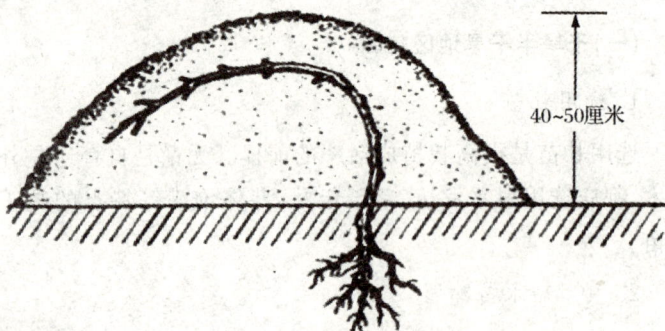

图 2-20　幼树埋土防寒

(二)大树移栽

(1)断根处理。在前一年春季萌芽前距树干80厘米左右挖深70～80厘米的环状沟,切断粗根后回填混有农家肥的表土,并适当灌水。

(2)移栽时间。大树移栽在春、秋季进行,以早春土壤解冻到发芽前最为适宜。

(3)移栽要求。挖树前一周左右充分灌水。挖树前对树冠进行较重回缩修剪。最好带土团挖掘。较大果树挖前应设好支架,并标记大枝方位。装运过程中注意保护好根系和枝干。

(4)栽植坑与移栽要求。栽植坑应提前挖好,坑的规格稍大于根系和所带的土团,将根系按标记方位放入栽植坑后回填混有有机肥的表土,并及时夯实和足量灌水。

(5)移栽后管理。移栽后对树体设立支柱或三角拉绳,避免歪斜。以后根据天气情况及时补水。移栽当年应摘去全部花朵。

第五节 果树施肥技术

果树在生长发育过程中,根系不断地从土壤中吸收养分、水分,供应果树生长和结果的需要。栽培中创造有利于根系生长的土壤环境,提高土壤肥力,及时供应果树需要的养分、水分,以利于果树的生长发育。

一、土壤管理

(一)土壤改良

1. 深翻熟化

果园深翻并结合深施有机肥,可以改善土壤理化性状,加快土壤熟化,提高土壤肥力,促进根系生长,有利于果树开花结果。深翻的时期应根据果树的根系生长规律,结合当地气候条件来决定。一般以秋季深翻为宜,深翻深度在 60～100 厘米为宜。深翻方式主要有以下 3 种。

(1)扩穴深翻。在幼树栽植后的前几年,自定植穴边缘开始,每年或隔年向外扩穴,穴宽 50～80 厘米,深 60～100 厘米,填入肥土、作物秸秆、有机肥等,如此逐年扩大,直到全园翻完为止。

(2)隔行或隔株深翻。平地果园可隔一行翻一行,次年进行另一行的深翻;山地果园,一层梯田一行果树,可隔两株深翻一个株间的土壤。这种方法,每次深翻只伤及半面根系,可防止伤根太多,有利于果树生长,深翻 50～60 厘米。

(3)全园深翻。除树盘范围以外,全面深翻。这种方法一次翻完,便于机械化施工和平整土地,但伤根太多。多用于幼龄果园。

2. 开沟排水

海涂、沙滩和盐碱地果园,一般地下水位高,每年雨季土壤湿度常超过田间最大持水量,使下部根系的土层处于水浸状态,根系处于缺氧状态,产生许多有毒物质,致使树体梢枯叶黄,树势衰退,严重者则死亡。开沟排水,降低地下水位,是这类果园土壤改良的关键。

3. 培土

果园培土具有增厚土层、保护根系、增加肥力、压碱改酸和改良土壤结构的作用。培土的方法是把土块均匀分布在全园,经晾晒打碎,通过耕作把所培的土与原来的土壤混合。土质黏重的应培含沙质较多的疏松肥土,含沙质多的可培塘泥、河泥等较黏重的肥土。培土厚度要适当，一般为 5～10 厘米。南方多在干旱季节来临前或采果后冬季进行培土。

（二）幼龄果园的土壤管理

1. 树盘管理

树盘是指树冠垂直投影的范围，是根系分布较为集中的区域。

（1）树盘耕作。耕作可保持树盘土壤经常疏松无杂草，以利于根系生长。耕作次数依当地气候、土壤和生草情况而定，春夏季浅耕（5～10 厘米），秋季深耕，深度以不伤根为原则，一般近树干处要浅，向外逐渐加深到 20～25 厘米。

（2）树盘覆盖。覆盖可起到保墒、防冻及稳定表土温度，防止杂草生长和改良土壤结构的作用。覆盖物多用秸秆等，厚度为 10 厘米左右。也可用地膜覆盖。

（3）树盘培土。在有土壤流失的园地，树盘培土，可保持水土和避免积水。培土一般在秋末冬初进行。缓坡地可隔 2～3 年培土一次，冲刷严重的则 1 年一次。培土不可过厚，一般为 5～10 厘米。根外露时可厚些，但不要超过根颈。

2. 行间间作

幼树树体小，行间空地较多，进行合理间作，不仅可以增加收入，以短养长，还可以抑制杂草，改善果树群体环境，增强对不良环境的抵抗能力和改善土壤理化性状，有利于果树生长。丘陵坡地间作作物，还能起到覆盖作用，以减轻水土流失。

果园间作应"以果为主，主次分明，不通货膨胀影响果树生长，而且尽可能有利于果树生长"为原则。间作物的要求：间作植株要矮小，不影响果树的光照；避免与果树争夺养分、水分；能改良土壤结构，增加土壤养分；与果树没有共同的病虫害。适宜间作的作物种类很多,如豆科作物、蔬菜、花卉牧草等,应根据具体情况选择。

(三)成龄果园的土壤管理

成龄果园土壤管理的任务是提高土壤肥力,以满足果树生长和结果所需的水分与营养物质。其土壤耕作主要有以下五种。

1. 清耕法

清耕法是指周年不种作物,随时中耕除草,使土壤长期保持无杂草状态。同时冬夏进行适当深度的耕翻,深度为 15～20 厘米。清耕法的优点是土壤疏松、地面清洁、土壤养分转化较好。缺点是长期清耕,土壤受冲刷,特别是山地果园冲刷更为严重,养分和水分流失,有机质缺乏,影响果树生长发育。

2. 生草法

生草法是指在果树行间种植豆科、禾本科等草种或自然生草的土壤管理方法。其优点是可防止土壤冲刷和风害,增加土壤有机质,改善土壤理化性状,土温变化小,省工。缺点是长期生草的果园易使表层土板结,易出现根系上浮,草与果树争夺养分,影响果树生长发育,增加对病虫害防治的难度。

3. 清耕覆盖作物法

清耕覆盖作物法是指在果树需肥水最多的前期保持清耕,后期或雨季种植覆盖作物,待覆盖作物成长后期,适时翻入土壤作绿肥的方法。它是一种较好的土壤管理方法,兼有清耕和生草法的优点,在一定程度上克服了两者的缺点。

4. 覆盖法

覆盖法是在树冠下或稍远处覆以杂草、秸秆等的土壤管理方法。一般覆草厚度约 10 厘米左右,覆草后逐年腐烂减少,要不断补充鲜草。覆盖可防止水土流失,抑制杂草生长,减少蒸发,土温变化小,增加有效态养分和土壤有机质,促进土壤团粒结构的形成。但长期覆盖,会导致根系上浮,病虫害难以防治。

5. 免耕法

免耕法是利用除草剂除杂草,土壤不进行耕作。这种做法具有保持土壤的自然结构、节省劳力、降低成本等优点。在土层深厚,土质好的果园采用,尤其是在潮湿多雨地区,刈草与耕作均有一定困难的应用除草剂除草最为有利。

二、施肥

(一)果树营养特点

果树在一年中对肥料的吸收是不间断的,但会出现几次需肥高峰。需肥高峰一般与果树的物候期相平行,所以,生产上常以物候期为参照进行施肥。一般果树在新梢生长期需氮量最高;需磷的高峰在开花、花芽形成及根系生长的高峰期;需钾高峰则在果实成熟期。不同果树对肥料的吸收也存在差异。

(二)施肥时期

1. 基肥

基肥是以有机肥为主,配合部分速效性化肥。一般在秋季施基肥,此时正值根系生长高峰期,有大量新根发生,有利于根系的吸收,提高树体的营养水平,有利于花芽发育、充实及满足春季发芽、开花、新梢生长的需要。

2. 追肥

追肥又叫补肥。在施基肥的基础上,根据果树各物候期需肥特点,在生长季分期施肥的方法。目的是既保证当年树壮、丰产、优质的需要,又给翌年生长结果打下基础。成年果树的追肥一般有以下4个时期。

(1)花前肥,又叫春肥、催芽肥。在早春萌芽前1~2周追施速效性氮肥,能促进树体萌芽、开花和新梢生长。对弱树、结果过多的树体,较大量的追施氮肥可使萌芽、开花整齐,提高坐果率,促进营养生长。若树势强旺,基肥数量又较充足,特别在南方多雨地区,不宜施花前肥。

(2)花后肥,又叫稳果肥。在谢花后追施。这时正值幼果、新梢迅速生长期,是果树需肥较多的时期。及时追施速效性氮肥,可提高坐果率,促进幼果发育,减少生理落果。但这次追肥必须根据树种、品种特性,看树施肥。若施用氮肥过多,会导致新梢生长过旺,加剧幼果因营养不良而脱落。

(3)果实膨大期肥,又叫壮果肥。是在生理落果后至果实开始迅速膨大期追施。以速效氮、钾肥为主,配合适量磷肥,以提高光合效能,促进养分积累,加速幼果膨大,提高产量和品质。当仁果类、核果类果树部分新梢停长,花芽开始分化时,应及时追肥,为花芽分化供应充足的营养。这次追肥既保证当年产量,又为翌年结果打下基础,对克服大小年结果现象也有一定作用。

(4)果实生长后期肥,又叫采果肥。在果实开始着色至果实采收前后施。可促进果实生长,提高果实品质,促进花芽分化。对于早熟品种,此次追肥应在采果后施用,晚熟品种在采果前施用,中熟品种不施。

(三)施肥量

果树的施肥量因树种、品种、树龄、树势、结果量、肥料性质和土壤肥力等而异。一般柑橘、苹果、香蕉、葡萄等需肥较多,而菠萝、李、枣等需肥较少。幼树、旺树、结果少的树施肥量少;成年树、衰弱树、结果多的树施肥量多。山地、沙地果园需多施。确定果树施肥量的方法有经验施肥法、叶片分析法和田间肥料试验法。

(四)施肥方法

1. 土壤施肥

土壤施肥就是将肥料施在果树根系集中分布层,以利根系向深广扩展。土壤施肥是应用最普遍的施肥方法,果树的基肥和大部分追肥都采用此法。生产上常用的土壤施肥方法有环状施肥、放射状沟施肥、条沟施肥、全园施肥等。

2. 根外追肥

(1)叶面追肥。又称叶面施肥。即将一定浓度的液肥喷到叶片或枝条上的施肥方法,其优点是:方法简单易行,用肥量小、肥效发挥快,肥料利用率高,节约劳力,降低成本。生产上常用的叶面肥料见表 2-2。

表 2-2　果树叶面追肥的肥料浓度

单位:%

肥料名称	浓度	肥料名称	浓度
尿素	0.3~0.5	硝酸钾	0.5
硝酸铵	0.1~0.3	硼砂	0.1~0.25
硫酸铵	0.1~0.3	硼酸	0.1~0.5
磷酸铵	0.3~0.5	硫酸亚铁	0.1~0.4
腐熟人粪尿	5~10	硫酸锌	0.1~0.5
过磷酸钙	1~3	柠檬酸铁	0.1~0.2
硫酸钾	0.3~0.5	钼酸铵	0.3
草木灰	1~5	硫酸铜	0.01~0.02
磷酸二氢钾	0.2~0.3	硫酸镁	0.1~0.2

(2)强力树干注射施肥。利用机具持续高压将果树所需要的肥料强行注入树体。此法具有肥料利用率高,用肥量少,见效快,持效长,不污染环境的优点。目前多用于注射铁肥,以防治果树失绿症,注射时间以春季芽萌动前和秋季果实采收后效果最好。

(五)配方施肥

配方施肥,是根据果树的需肥规律、土壤的供肥特性与肥料的效应,在施用有机肥为基础的条件下,通过分析测定树体和土壤的营养状况,提出氮、磷、钾以及微肥等元素适宜的比例和用量以及相应的施肥技术。配方施肥包括营养状况诊断、配方的提出、肥料配制或生产、施肥等过程。

1. 配方施肥的作用

(1)增产效果明显。调肥增产,在不增加化肥投资,把各种化肥的施用比例调整合理而增产。减肥增产,在适当减少肥料施用量或取消土壤中含量丰富的某种养分的施用,以取得增产或平产;当土壤中某种养分含量相对缺乏,加大此种养分化肥施用比例,可大幅度增加产量。

(2)有利于保护生态,配方施肥养分全面且比例合理,可消除因某种土壤养分不足的状况而培肥地力,化肥在土壤中的残留既不会太多,又能与有机肥结合成有机态,避免土壤板结和污染现象。

(3)提高果实品质。配方施肥因养分协调供给,既增产,又能提高果实的质量。

(4)减轻病虫害。配方施肥因养分齐全,比例适当,果树生长健壮,既可防止出现生理病害,又能减轻病虫害为害。

2. 配方施肥的方法

(1)地力差减法。用目标产量减去空白产量,其差值就是通

过施肥来获得的产量,计算公式如下:

肥料需要量＝作物单位产量养分吸收量×(目标产量－空白产量)÷肥料中养分含量×肥料当季利用率

此法的优点是不用测试土壤,不考虑土壤养分状况,计算方便,误差小。缺点是空白产量不能现时得到,需通过实验确定。

(2)氮、磷、钾比例法。通过田间试验得出氮、磷、钾的最适用量,然后计算出三者的比例关系。这样只确定一种肥料的用量,就可以按比例关系,决定其他肥料的用量。此法的优点是减少了工作量,易掌握,方法简单。缺点是受地区和时间、季节的局限,所以应灵活掌握应用。

此外,还有养分平衡法、肥料效用函数法、养分中缺指标法等。因这些方法用起来都需要一定的设备,而计算方法繁杂,这里不再详述。

三、水分管理

(一)灌水

果树在不同物候期,需水量有不同的要求,结合土壤施肥,根据果树不同物候期进行果园灌水,一般在以下物候期,如土壤含水量低,必须进行灌溉。

1. 萌芽开花期

此期水分充足,可以加强新梢生长,加大叶面积,使开花坐果正常,为当年丰产打下良好的基础。春季干旱地区,此期灌水更为重要。

2. 新梢生长和幼果膨大期

充足的水分既有利于幼果膨大,又有利于新梢生长,可减少生理落果。

3. 果实迅速膨大期

对多数落叶果树来说，此期也是花芽大量分化期，及时灌水，可以满足果实膨大对水分的要求，同时可以促进花芽分化，为连年丰产创造条件。

4. 采果前后及休眠期

此期灌水可使土壤中储备足够的水分，有利于肥料的分解，从而促进果树翌年春的生长发育。柑橘等常绿果树，采收前后结合施肥进行灌水，有利于树势的恢复及花芽分化。寒地果树在土壤封冻前灌水，对越冬比较有利。

果园灌水方法有地面灌水、地下灌水、喷灌和滴灌。其中以滴灌最节水。

果园最适宜的灌水量，应在一次灌溉中，使果树根系分布范围内的土壤湿度达到田间最大持水量的 60%～80%。常用的计算方法为：

灌水量＝灌溉面积×土壤浸湿深度×土壤容重×（田间持水量－灌溉前土壤湿度）

灌溉前的土壤湿度，每次灌水前均需测定，田间持水量、土壤容重、土壤浸湿深度等，可数年测一次。

（二）排水

按果园排水的不同要求，或迅速排除地面积水，或排除土壤积水，或降低地下水位。一般平地果园排水应做到园内外"三沟"配套，排水入河。丘陵山地果园则应在做好水土保持工程的基础上，采用迂回排水，降低流速，防止土壤冲刷。对已受涝的果树，先排水抢救，树盘适当深翻或将根颈部分的土壤扒开晾根，促使根系尽早恢复功能。

排水方法有明沟和暗沟排水两种。

模块三　苹果生产

第一节　苹果品种

一、藤木1号

藤木1号苹果原产地美国,于1986年引进(1986年12月引入烟台)。单果重180～210克,大者320克以上。果实近圆形或长圆形,萼洼有不明显的五棱突起,底色黄绿,面色为较宽的鲜红条纹,果面洁净,光亮美观。果肉淡黄,肉质中粗、松脆,汁液较多,酸甜可口,香气浓,品质优于一般早熟品种。在烟台地区7月中、下旬成熟。

树势健壮,树姿较直立,萌芽力较强,成枝力中等,以短果枝结果为主,有腋花芽结果习性。结果早,坐果率高,丰产性好,适应性强。

二、珊夏

珊夏苹果原产地日本,用嘎拉与茜杂交育成。单果重300克左右,果实圆锥形,底色黄绿、面色鲜红,果汁多,酸甜适中,风味极佳,8月中、下旬成熟。

树势中庸,树姿较直立,萌芽力和成枝力中等,短果枝多,适应性较强,较丰产。

三、嘎拉系

嘎拉系苹果原产地新西兰,用红橘苹与金冠杂交育成。果个整齐均匀。果实短圆锥形,底色橘黄,橘红色条纹,果面光洁美观。果肉淡黄,肉质细脆,果汁多,味香甜,品质上等,8月中、下旬成熟。

树势较强,树姿开张,萌芽力和成枝力中等。有腋花芽结果习性,成花容易,坐果率高。结果早,丰产稳产,适应性强。应严格疏花疏果,防止结果过量使果个变小。

嘎拉在栽培过程中,逐渐选出一些着色系品种,主要有太平洋嘎拉、烟嘎1~3号、皇家嘎拉、帝国嘎拉、新嘎拉、丽嘎拉、银河嘎拉等。其中以太平洋嘎拉和烟嘎3号表现较好。

(1)太平洋嘎拉。果实中大型,平均单果重218克,果形指数(果实纵径横径比)0.92。着色好,着色期集中,比烟嘎1号早上色5天左右,颜色浓红。果肉脆甜,硬度大,较耐储运。8月中、下旬成熟。

(2)烟嘎3号果。形圆至卵圆形,果形指数为0.85~0.87,中型果,平均单果重180~210克。果面洁净,色相片红,色调鲜红至浓红。果肉乳白色,肉质细脆爽口,硬度6.70千克/平方厘米,可溶性固形物含量12.2%,在烟台地区8月底至9月初成熟。

四、津轻及红津轻

津轻苹果是日本青森县果树试验站选育的金帅自然杂交种,果个较大,平均单果重180~200克。果实长圆形或圆形。底色黄绿,阳面有断续红条纹,果皮薄。果肉黄白色,质地细脆,汁液丰富,甜酸可口,有香气,品质上等。8月下旬至9月上旬成熟。

树势较强,萌芽力中等,成枝力较强,有腋花芽结果习性,坐果率高,结果较早,丰产性较强。但有采前落果现象。

红津轻是津轻着色系芽变的统称。日本相继从津轻中选出了许多芽变新品种,如轰津轻、板田津轻、芳明、夏香、秋香等,其果实形状和结果习性与原品种相似,仅着色良好。另外,又在津轻中选出了红色早熟芽变——津轻姬,比普通津轻早熟7~10天。

五、红露

红露苹果是韩国国家园艺研究所用早艳与金矮生杂交育成的新品种。2001年,由烟台果树科学研究所从韩国引入,属短枝型品种。该品种果实为长圆锥形,果形指数0.85,平均单果重230克,最大360克。果实底色黄绿,果面全面鲜红色兼具红色条纹,果皮较薄,果面光亮。果柄粗短,梗洼浅窄。果肉黄白色,肉质较硬脆,果汁多,果心较小。可溶性固形物含量13%,酸甜爽口,风味佳,硬度大。无采前落果。在烟台地区8月底9月初成熟。耐储运,室温下存放25天品质不变,是储藏性较好的中早熟品种。

树势中庸,树姿较开张,萌芽力较高,成枝力中等;初果期以腋花芽结果为主,随树龄增大,转向以短枝结果为主,树势易衰弱。早果性和丰产强。栽培时应严格疏花疏果,产量过高易使树体转弱,另外,应注意有机肥和钙肥的补给,以防止糖蜜病的发生。

六、红将军

红将军苹果是日本山形县从早生富士中选出的红色芽变品种。平均单果重290克,果实圆形或近圆形,底色淡黄,面色片状鲜红,艳丽美观。果肉黄白,质地松脆,汁液多,甜酸可口,品质上等。9月中旬成熟。

树势较强,比普通富士成枝力弱,短枝较多,枝条节间略短且粗壮。易成花,腋花芽结果,结果较早,丰产。耐藏性次于富士。但近年来,由苹果锈果病毒引起的果实花脸病较严重,应慎重发展。

七、富士系

富士苹果是日本 1939 年用国光与元帅杂交培育而成的,1962 年定名为富士。我国最早于 1966 年引入栽培,烟台地区于 1972 年从日本引进苗木进行试栽。红富士是富士红色芽变品种的统称,因其着色好,品质佳,耐储藏和售价高,发展很快,已成为苹果产区的主栽品种。但由于单系繁多,良莠不齐,加之引种混乱,也存在果形不正,着色不良等问题。经各地栽培观察和品评结果,多数认为以下几个品系表现较好。

(1)烟富 3 号。烟台市果树工作站和果树科学研究所选出。果个大,平均单果重 245~318 克,高桩端正,上色早,着色好,着不明显红色条纹,色泽艳丽。

(2)2001 富士。日本选出的优系富士。单果重 350~400 克,果实高桩,长圆形,果形端正,着色易,果面浓红,条纹明显,艳丽美观,商品性好。

(3)长富 2 号。日本长野县园艺场选育。平均单果重 200 克左右,圆形或长圆形,桩较高,果点较明显,浓红或红色条纹。耐藏,果肉黄白色,质地细脆,汁多,酸甜可口,具有芳香味,品质极上。10 月下旬成熟。

(4)岩富 10 号。日本岩手县园艺试验场选育。平均单果重 210 克左右,果实圆形或近圆形,底色黄绿,面色鲜红或浓红,条纹不明显,果面光滑,果点中大,稀而明显,其他性状同长富 2 号。

富士系树体特性都基本相同。树势强健,树冠高大,萌芽力和成枝力均较强,丰产,耐寒性差,不耐旱和涝,对轮纹病抗性较差,对环境条件和栽培管理技术要求严格。

(5)短枝富士。属红富士短枝型芽变。树冠紧凑、矮小,枝条粗壮,节间较短,萌芽力高,成枝力低,叶片浓绿,大而肥厚。结果早,坐果率高,丰产性强。一般栽后2~3年挂果,4~5年丰产。缺点是果形较扁,品质相对较差。据报道综合性较好的有烟台选出的烟富6、福岛短富、富崎短富,陕西礼泉选出的礼富1号等。

八、乔纳金系

乔纳金苹果是美国纽约农业试验站用金冠与红玉杂交育成的三倍体品种。平均单果重200克左右,果实近圆形或短圆锥形,底色淡黄,面色鲜红,有不明显条纹。色泽鲜艳,果面光滑,蜡质多,具有光泽,果皮稍厚。果肉淡黄,质地松脆,汁多,味酸甜,10月上中旬成熟。但储藏后果面易返糖。

树势强健,树冠开张,分枝角度较大。新梢稍软,萌芽力、成枝力均强,以短果枝结果为主,但中长果枝及腋花芽亦能结果。结果早,丰产稳产,但抗病性及耐高温、抗干旱能力较差,适合气候冷凉地区栽培。乔纳金的红色芽变有红乔纳金(果个稍小)和新乔纳金两种。

第二节 苹果树的栽培环境

一、温度

苹果喜冷凉的气候,是抗寒力较强的果树,一般认为,凡年平均温度在7.5~14℃的地区均可栽培,8~12℃为最适宜栽培区(烟台为12.5℃)。但在年周期发育中,不同的物候期对温度要求不同。

(一)开花期

开花期要求气温为 15～25℃,其中,17～18℃为开花的最适宜温度,过高过低均能影响授粉受精,降低坐果率。温度过低,花器受冻。据调查,气温在 -1.7℃时花受冻,气温在 -1.1℃时幼果受冻。

(二)花芽分化和果实发育期

苹果花芽分化和果实发育期主要在 6～8 月份。多数研究认为,6～8 月份平均气温在 18～24℃,适合苹果花芽分化和果实发育。温度过高的地区,树势较旺,花芽难以形成,果实成熟早,着色差,糖度低,果肉松,风味淡,不耐储藏。昼夜温差大于 10℃,特别是果实成熟期和花芽分化期,昼夜温差大,夜间呼吸弱,白天光合作用强,可增加营养积累,有利于花芽分化和增加果实含糖量。

(三)休眠期

苹果从落叶后到翌年春季萌芽前这段时期称为休眠期。休眠期需要一定的低温,打破休眠,苹果才能正常开花结果。苹果对低温的需求量为 -10～10℃的低温时间大于 1500 小时,低温不足,春季萌芽晚,易落蕾,开花不整齐,坐果率低。

但冬季温度过低能造成冻害,苹果多数品种休眠期能忍受 -25℃的低温,-30℃会造成严重冻害,-35℃树体将冻死,其中红富士耐寒力更差,在 -15～-20℃的温度下就会受冻。

二、水分

苹果要求适宜的年降雨量为 500～800 毫米。超过 1000 毫米,尤其是高温多雨,则枝条旺长,结果迟,产量低,品质差,还易发生病虫害。雨量过少,果个小,产量低,不利于优质丰产。我国苹果主要产区年降雨量一般在 500～700 毫米,基本可以满足苹果需要。但降雨常与需水时期不吻合,如渤海湾常出现春旱,夏涝,秋又旱的现象。因此应尽量创造良好的灌溉条件,做到旱灌涝排,以便获得优质丰产。

三、光照

苹果是喜光果树,据报道,苹果要求年日照时数在 1500 小时以上,国内外苹果主要产区日照多在 2000～2700 小时。日照时数越多,树体发育越健壮,花芽饱满,果实色艳,质量优良。栽培上应注意选择适宜的园址,合理密植、修剪、整形、间作等,尽量创造良好的光照条件。

四、土壤

苹果适宜生长在土层深厚,透气良好,保肥蓄水力强的沙壤土和壤土上,土层 1 米以上,地下水位 1 米以下。土壤空气含氧量为 10%～15%。要求微酸至中性土壤,pH 范围为 5.4～7.8,最适 pH 为 6.0～7.0,pH≥7.8 易出现黄叶病,pH≤5 生长不良。土壤总盐量低于 0.28%,其中氯化盐含量要低于 0.13%。土壤有机质在 1%以上。对达不到要求的土壤,在苹果栽植前和生产期要不断地进行土壤改良,改善根系生长环境。

第三节　苹果栽培技术

一、促花技术

(一)调节肥水供应

苹果树花芽的形成与碳水化合物营养水平有关,而碳水化合物含量与当年全树叶面积有关,叶面积主要是生长前期形成的,因此,通过调节肥水供应,积极促进前期新梢生长,尽早建成强大的叶幕是很重要的。后期控制新梢生长,改变营养代谢,使其由营养生长转向生殖生长,促进花芽形成。即掌握前促后控的肥水管理原则,具体应做到如下几点:

(1)春季早追肥,适时中耕,提高地温和墒情,促进新梢生长,尽快形成较大的叶幕,提高光合作用。

(2)在春梢旺长后期、旺树在整个生长期以及在秋季,都应注意控制水分供应,使新梢及时停止生长。

(3)花芽分化前追施促花肥,并注意根外追肥,以磷、钾肥为主,配合适量的氮肥。

(4)秋季早施、多施基肥,加强根外追肥,加强病虫害防治,保护好叶片,提高树体储藏营养,促进翌年的性细胞分化。控制水分供应,使秋梢及时停止生长。

(5)减少氮肥施用量,使其由营养生长转向生殖生长。

(二)控制负载量

花多果多,一是消耗营养多,二是种子能形成大量的赤霉素,均能影响花芽分化。因此要及时合理疏花疏果,控制负载量,以保证树体激素平衡,营养充足,促进花芽形成。

(三)采用促花修剪技术

促进花芽形成的修剪方法很多,各有其针对性和时间性,只有抓住有利时机,采取相应措施,多种方法配合使用,促花工作才能取得良好的效果。

二、保花保果

(一)落花落果的时期和原因

苹果树从开花到果实成熟,有3～4次花果脱落高峰。

第一次,落花。开花期刚过,子房尚未膨大即脱落,称为落花。主要是授粉受精不良引起的。凡引起授粉受精不良的因素均能造成落花,如授粉树少、品种单一、品种间花期不一致、缺乏传粉昆虫、花期冻害、开花期风过大、连阴雨等。

第二次,幼果脱落。时间在开花后半月,子房已经膨大,是受精后初步发育的幼果,果柄变黄而脱落。其主要原因有以下两点。

储藏营养不足。开花、受精及幼果发育均需大量营养,如果上一年结果过多或管理不善,树体储藏营养不良,就会出现大量落果。

水分供应不足。一般枝梢越幼嫩,渗透压越高,吸水能力越强,当土壤水分不足时,进入果实内部的水分首先减少,严重缺水时枝叶要夺取幼果中的水分,使幼果缺水脱落。

第三次,6月份落果。开花后一个月左右(5月下旬至6月上、中旬),也称生理落果。苹果坐果以后,新梢生长加快,营养分配中心随之转为营养生长,此时,如树体营养供应不足,当年的营养物质又不能从营养枝上输出,就迫使一些生长较弱的中、短果枝上的果实,由于所占叶面积小,制造营养不足,果实由于营养不良而出现大量落果。

第四次,采前落果,果实快成熟时脱落。采前落果与品种特性有关,元帅系、静香、早捷、津轻、北斗等品种,由于果柄基部离层形成过早,易出现采前落果。有些品种成熟期不一致,也容易出现采前落果现象,如静香。另外,还有环境和栽培管理因素,如采前高温、干旱、氮素供应过多等,都会使采前落果加剧。

(二)提高坐果率的措施

1. 调整树体营养积累和分配

在肥水管理方面,重视夏、秋季的追肥,包括叶面喷肥。采果后早施基肥,提高树体储藏营养水平。春季加强土壤管理和肥水供应,满足开花和幼果发育对营养的需求;在病虫害防治方面,及时防治病虫,保护叶片,促进营养物质的积累;在修剪方面,合理拉枝,疏除内膛徒长枝、密生枝,改善通风透光条件,提高叶片光合效率。甩放后花芽成串的枝条适当回缩,花量过多的树,疏除部分花芽,更新复壮结果枝组,可以减少营养消耗,使保留下来的果枝坐果率提高。严格疏花疏果,合理负载,节约养分,不仅坐果率高,而且果实发育好。

2. 创造良好的授粉受精条件

A. 配置好授粉树

苹果多数品种自花结实率较低,建园时必须配置授粉树,授粉树的比例不能少于 15%～20%。

B. 人工辅助授粉

花期进行人工辅助授粉,能明显提高坐果率。人工授粉的方法主要有以下几种:

(1)点授法。将含苞待放的花蕾采下,用两花对搓或用小镊子取下花药,收集摊放在白纸上,置于干燥通风的室内晾干(不宜放在太阳光下暴晒),室温保持 20～25℃,一般 24 小时左右花药便干燥开裂,散出花粉。然后将花粉连同花药壁装入干燥的小瓶中备用。授粉的时间宜在每天的 9:00～15:00,用铅笔的橡皮头或用铁丝、木棒套上自行车气门芯,蘸取花粉,点授在刚开放花朵的柱头上,整个花期随开随授。

(2)滚授法。即在花开放后 1～2 天,于上午露水干后,用鸡毛掸在授粉品种树的花上滚动几下,再到主栽品种树的花上滚动几下,如此反复进行,使其花粉相互传播。在整个花期滚授 2～3 次。滚动时要掌握分寸,避免伤及花朵。此法简单易行,省工省事,但效果不及点授法。

(3)喷雾法。用 10 千克水＋0.5 千克蔗糖＋30 克硼砂

＋10～20 克花粉,配成花粉液,在盛花期喷布花粉液进行授粉。但花粉液要随配随用。

(4)喷粉法。1 份花粉＋10 份滑石粉,用小型喷粉器对当天开放的花喷粉。也可将混配好的花粉装在纱布袋内,用竹竿挑起,在树的上方抖动,对花进行授粉。

C. 花期放蜂

花期放蜂省工省力,效率高,授粉效果好。蜂的种类有蜜蜂和角额壁蜂。蜜蜂一般每公顷苹果园放 3～5 箱。近年来角额壁蜂应用较多,且效果较好。角额壁蜂是日本由土蜂驯化而来的,20 世纪 80 年代引入我国,这种蜂耐低温,访花能力强,是普通蜜蜂的 70～80 倍,每头角额壁蜂日访花 4000 朵左右,每亩放蜂 130～150 只,坐果率可提高 30％～40％。而且这种蜂的饲养技术简单,容易掌握。具体放蜂授粉技术如下:

(1)做巢管。巢管可用竹子、芦苇截成段,也可用牛皮纸或废纸卷成纸管而做成。巢管内径为 0.8～1 厘米,管壁厚为 1～3 毫米,长 16 厘米左右。两端切平,每 50 支一捆,一端敞口,并用广告色染成红、绿、橙、白等不同颜色,以便角额壁蜂识别位置和颜色利于归巢,巢管的另一端要封堵严密。

(2)做蜂箱。蜂箱可用水泥板、木板等做成,也可用普通纸箱代替。如果用纸箱作蜂箱时,要用塑料薄膜包严,以免渗入雨水。一般蜂箱长 15～25 厘米,宽 15 厘米,高 25 厘米,前面敞口。

(3)安放蜂箱。放蜂前 2～3 天,将蜂箱安放在园内宽敞明亮的地方,蜂箱敞口面朝向东南或正南,底部设一牢固的支架,箱底高出地面 35～55 厘米,支架涂抹废机油,预防蛙、蛇、蚁等侵犯,箱顶盖上遮阳防雨板并压紧,蜂箱安好后不要再移动。一般每隔 50 米左右安放一个蜂箱。

(4)挖泥坑。在每个蜂箱前方1米处,挖一个长40厘米,宽30厘米,深20～30厘米的黏泥坑,沙地果园可在坑内加入一定量的黏土,每晚向坑内加一次水,保持坑内黏土湿润,以便壁蜂繁殖产卵时采集湿泥筑巢。

(5)放蜂与收蜂。苹果开花前2～3天,每个蜂箱装入4～6捆巢管。将要放的角额壁蜂蜂茧分装在小纸盒内,纸盒上打一些孔洞,直径1厘米左右,以便角额壁蜂羽化后出巢,然后将纸盒放入蜂箱内。为加速蜂茧羽化出蜂,可先将蜂茧在30～35℃的温水中稍微润湿一下再装盒,并保持盒内湿润。一般2～3天后成蜂即会出巢访花。成蜂出茧后即开始交尾,选巢后,清巢管,并访花,做粉团繁殖后代。如果发现巢管被泥土封堵,说明巢管内已经产卵,可随时将其收起。一般成蜂活动期12～15天,放蜂结束后,将收起的巢管平放吊挂在通风阴凉处。翌年2月气温回升时,拆开巢管,剥出蜂茧,装入广口瓶内,用纱布封口,置于冰箱内,在0～5℃下保存,至苹果开花前2～3天,分装入纸盒内再行使用。

另外放蜂时应注意:放蜂前15天和放蜂期间,园内禁止使用杀虫剂农药。因苹果花期较短,为保证苹果开花前和谢花后角额壁蜂有足够的花蜜,可在蜂箱周围种植一些油菜、萝卜、白菜等春季开花早,且花期较长的作物,以免角额壁蜂寻不到花蜜而转移,不能正常授粉和收蜂。

三、疏花疏果

(一)疏花疏果的作用

1. 保持丰产稳产

花芽分化和果实膨大是同时进行的,当营养充足或负载量适当时,既可保证果实肥大,也能促进花芽形成,达到丰产稳产的目的。如果花果过多,树体营养供应与消耗之间发生矛盾,抑制了花芽的形成,必然会出现大小年现象。

2. 提高坐果率

合理疏花疏果,可节省树体营养,提高当年花的坐果率,同时,由于花芽分化质量提高,翌年的有效花增加,无效花减少,也可提高翌年花的坐果率。

3. 提高果实品质

一是由于节约营养,可使保留下来的果实发育更好,果实大而整齐,色艳质佳。二是疏果时,疏除了病虫果、畸形果、位置不当果,因而也提高了好果率。

4. 维持树体健壮

合理疏花疏果可以防止树体早衰,增加抗病性,特别对减轻腐烂病、延长盛果期年限具有显著效果。

(二)疏花疏果的时期

常言道:"疏果不如疏花,疏花不如疏蕾,疏蕾不如疏芽。"疏的越早营养消耗越少,但在实际操作时,不可一步到位,一般按以下程序进行。

1. 疏芽

冬季修剪时,疏除过多花芽,将花、叶芽比例调整为 $1:(3\sim4)$。

2. 疏蕾

从花序伸出至花序分离期进行,按留果距离先定果台,一般 $20\sim25$ 厘米留一个花序,多余者整序除疏,呈空台,仅保留莲座叶,保留的花序一般整序保留。

3. 疏花

开花期保留中心花和开花较早的 1～2 个边花。一次疏到位,即每个花序只保留一朵花的,称为"以花定果",可节省劳力和树体营养。但有晚霜危害的地区,花期天气不好及坐果率较低的品种,不宜采用。

4. 疏果

谢花后 10 天左右开始,半月内完成。一般要求先疏早熟品种,后疏晚熟品种,先疏坐果率高的品种,后疏坐果率低的品种。

(三)留果量的确定

疏花疏果首先要确定植株的适宜留果量。要求在保证当年产量与质量的同时,又能形成足够数量和一定质量的花芽,以备来年结果。适宜的留果量,必须根据品种、树势、树冠大小、坐果率及栽培管理条件等确定。常用的确定留果量的方法有以下几种:

1. 间距法

间距法是目前苹果疏花疏果应用最广泛的一种方法,主要根据果型大小确定,一般嘎拉、珊夏、粉丽等小果型和短枝型品种,留果间距为 15～20 厘米。将军、红露等大果型品种为 20～25 厘米。富士一般要求 25 厘米左右留一个果实。

2. 叶果比法

果实的生长发育,必须有一定数量的叶片作保障,一般养活一个苹果果实,大约需要 30～60 张叶片。一般乔化砧树,小果型品种的叶果比为(30～40):1,大果型品种为(50～60):1;矮化砧和短枝型,叶功能较强,小果型品种为(20～30):1,大果型品种为(40～50):1。

3. 枝果比法

枝果比是在叶果比的基础上提出的，一般每个枝条平均有叶片数 13～15 片，按(3～4):1,可保证每果占有 40～60 片叶。中、小果型品种枝果比为(3～4):1,大果型品种为(4～5):1。

4. 以产定果

根据产量指标推算出留果量，作为疏果的依据。如陕西省《优质苹果园栽培管理技术细则》规定,盛果期树产量指标为 2000～2500 千克/亩;以富士为例,优质果的单果重为 250～300 克,由此计算出不同密度条件下的单株留果量,见表 3-1)。

表 3-1　盛果期富士园单株产量及留果量参考标准

株行距/米	株/亩	株产量/千克	单株留果量/个
2×3	111	18～23	72～76
2×4	83	24～30	96～100
3×4	55	36～45	144～150

(四)疏花疏果的方法

目前生产中普遍采用的仍然是人工疏花疏果,虽然比较费工,但能按人们的意愿留果,有利于果树生长和提高果实品质,具体要求如下:

1. 按顺序疏花疏果

先疏弱树后疏强树,先疏花多的树,后疏花少的树。先疏开花早的树,后疏开花晚的树。先疏坐果率高的树,后疏坐果率低的树。先内腔,后外围。先树上,后树下。先疏早熟品种,后疏晚熟品种。

2. 根据树势和枝势调节留果量

根据适宜的留果量,使果实分布均匀、合理。由于各枝间花果量不均匀,应根据品种、树势、枝势、枝量等加以调节。一般强枝多留,弱枝少留;辅养枝多留,骨干枝少留;大、中型枝组多留,小枝组少留;树冠内部、下部多留,外部、上部少留;一个枝组上要留前疏后,以便交替更新。

3. 保留优质花果

疏花时,疏除晚花、小花、边花,应留早花、大花、中心花。疏果时,疏除小果、畸形果、病虫果、朝天果、边果。应留自然下垂、果肩平整、果形端正、高桩个大的中心果。

4. 留有保险系数

花期天气不好或者坐果率偏低的品种,疏果时要留有余地,一般要比适宜留果量多出 15%～20% 的保险系数,以防产量不足,影响经济效益。

四、果实套袋

苹果套袋栽培,在我国已成为一项常规的栽培技术。套袋可以防止果面污染,保持果面洁净,增进着色,提高果实的外观品质,同时还能防止果实病虫害。但套袋果含糖量降低,食用品质差,将来会逐渐废除。但根据我国苹果的发展现状,果实套袋还会持续一段时间。

(一)果袋选择

红色品种选用双层纸袋,一般外袋表面灰褐(黄)色,里面为黑色,内袋为红色蜡纸。绿色品种选用单层白色或浅色纸袋,不提倡用塑膜袋。选用的纸袋要抗日晒,耐雨水冲刷,透气性好,有较好的防虫、抑菌作用等。目前国家正在制定纸袋标准,现在尚未出台。近年来根据烟台地区苹果套袋情况调查发现,小林、爱农、凯祥等品牌的纸袋表现较好,生产中出现问题较少,可参考选用。

(二)套袋时间

红色品种应在谢花后 35～40 天开始套袋,6 月上旬开始 6 月底前结束。黄色和绿色品种疏果结束后即可套袋。一天中以 8∶00～11∶00 和 14∶00～18∶00 套袋为宜,早晨露水未干、雨天或中午高温时段不宜套袋。

(三)套袋方法

选择发育良好,果形端正的果实,用手撑开纸袋,使果袋鼓起,让袋底两角的通气、放水口张开,套入幼果,将果柄放在袋的纵向开口基部,再将袋口左右横向折叠,最后用袋口处的扎丝弯成"V"形,夹固袋口。扎丝要夹住纸袋叠层,不要扭在果柄上。

(四)套袋要注意的问题

1. 技术要规范

做到袋要鼓起,果要悬空,口要扎严,叶要露出。

2. 用药要合理

为减轻套袋苹果黑点病的发生,套袋日期要与喷药日期间隔 3 个晴天,套袋前用的两遍杀菌剂以农用链霉素、甲基托布津、多菌灵、多抗霉素等为好。

3. 灌水防日烧

套袋前如果土壤干燥,应灌一次水,可有效防止幼果在袋内发生日烧。

五、摘袋和摘袋后的管理

(一)摘袋

苹果摘袋时间应根据气候条件和市场需求而定。红色晚熟品种一般适期在采收前 15～20 天摘袋(外层袋),双层袋分两次摘除,先摘外袋,经过 3～5 个晴天日后再摘内袋。为减少日烧,应选阴天或多云天摘袋。晴天应在 10：00 前或 16：00 后摘袋。单层袋先从袋底撕开,呈喇叭状,适应 3～4 天后再摘袋。有露水和雨天以及中午温度过高时不能摘袋。

(二)摘叶、疏枝、转果

1. 摘叶、疏枝

摘袋后 5～6 天摘除果实周围的遮光叶片(保留叶柄),并尽量摘除黄叶、病叶、小叶、薄叶、衰老叶等,隔一周进行第二次摘叶,并剪除遮光的直立枝、徒长枝、密生枝,改善光照,增进着色。早、中熟品种摘叶量一般为全树叶片总量的 5%～10%,晚熟品种一般不超过全树叶片总量的 30%。

2. 转果

果实阳面充分着色后,用手轻托果实,将阴面转向阳面。自由悬垂的果实,可用透明胶带加以固定。为防止果实日烧,转果时间要在下午温度较低时进行,晴天在 14：00～15：00 以后开始,阴天可全天进行。

(三)树下铺反光膜

在果实着色期,树下铺设银色反光膜,改善树冠内膛和下部光照,使下垂果顶部及萼洼处着色,能显著提高全红果率。一般每行树冠下沿行向铺幅宽 1 米的反光膜,每侧一幅,反光膜距主干 0.5 米,行间留出 1～2 米的作业道,株间一幅剪成段铺放中间,每亩苹果园用反光膜 400 平方米左右。反光膜边缘用石块、瓦片等压实,以免被风掀起。注意保持膜面清洁,以防影响反光效果。果实采收前,清理膜上杂物,小心将膜揭起、洗净、晾干,以备下年使用。

六、适时采收

适时采收是保证果实品质和产量的重要条件,采收过早,果实着色不良,味淡,个头小,产量低。采收过晚,果实硬度低,采前落果重,不耐储藏等。

(一)确定采收的依据

1.果实外观

果实充分发育,种子变褐,果实表现出该品种固有的特性,如大小、色泽、风味等。

2.果实生长日期

果实生长日期系指从盛花期到果实充分成熟所经历的天数。例如,藤木1号为90~95天,珊夏为90~110天,嘎拉为110~120天,元帅系为140~150天,金帅和乔纳金为150~160天,富士为170~180天。

3.果实理化指标

苹果属于呼吸跃变型果实,长期储藏的果实应在呼吸跃变前采收,直接上市消费的果实,应在呼吸跃变的高峰期采收。果实硬度方面,长期储藏的果实,元帅系硬度不低于6千克/平方厘米,金帅不低于7千克/平方厘米,富士、国光苹果不低于8千克/平方厘米。直接上市的果实硬度可适当降低。可溶性固形物含量,元帅系在11%以上,金帅在12%以上,富士、国光在13%以上。

(二)采收方法

采收前准备好采收工具,一天中要在早晨露水干后采收,并避开中午高温期。采收时剪去指甲,最好戴手套采收。手握果实,手指压住果柄将果实掰下,保留全部或部分果柄,要轻拿轻放,尽量减少机械损伤。采收顺序要从下到上,先外围后内膛。成熟期不一致的品种要分期采收。

模块四　柑橘生产

第一节　柑橘品种

一、杂柑类

杂柑是两个或多个不同种或类型的柑橘杂交培育而成的新品种。具有果大、无核、质优、丰产、耐储藏等优良性状；杂柑中主要推广品种有天草、不知火等。

二、宽皮柑橘类

1. 椪柑

椪柑较耐寒耐热，适应性广，所有柑橘产区均可栽培。早熟品种有太田椪柑。中熟品种有中国柑橘研究所选育的新生系3号椪柑和湖南的无核椪柑，是主要的推广品种。晚熟椪柑有岩溪晚芦。

2. 温州蜜柑

该品种耐寒不耐热，适宜南方中海拔地区种植，特早熟温州蜜柑品种有宫本、大浦、山川、市文。早熟的有兴津、山下红和日南一号。

三、甜橙类

1. 脐橙

主要品种有日本的清家、脐橙 4 号、丰脐、纽约尔、奈维林娜、华红脐橙、福本、卡拉卡拉、血橙等。

2. 夏橙

夏橙是柑橘中成熟最晚的品种,目前,推广的主要品种有奥灵达,阿尔及尔、卡特和康性尔等。

3. 普通甜橙

普通甜橙是我国的主栽品种:其中,北碚 447、铜水 72－1、江津 78－1、红橙、冰糖橙、无核雪柑,是原柑橘换代品种。

四、柚类

特早熟品种有龙都早香柚,早熟的有琯溪蜜柚、新都柚 2 号,中熟的有沙田柚的优系、垫江白柚,晚熟的有晚白柚及选系矮晚柚。

五、金柑、柠檬类

主要品种有金弹、尤里卡、里斯本、美国香水柠檬等。

第二节　柑橘生物学特性

一、根系生长

柑橘根系一般少有根毛,主要靠菌根吸收水分和养分。柑橘根系一年内有三次生长高峰期,并且与枝梢呈交错生长。第一次生长高峰期是在春梢生长盛期之后出现,第二次生长高峰期是夏梢生长盛期之后出现;第三次生长高峰期是在秋梢生长盛之后出现,直到冬季土温下降后转入休眠状态。

二、芽、枝生长

(一)柑橘的芽

柑橘的芽为复芽,柑橘顶芽有"自枯"现象,因而顶端优势不强,侧芽萌发力强,构成柑橘丛生性强的特点。柑橘的芽在当年形成,当年即可萌发,一般是春季形成的芽,夏季可以萌发,夏季形成的芽能在秋季萌发。如果在肥水充足条件下,经人工摘心等处理,还可以提前萌发。

(二)柑橘的花芽

大多数品种的花芽为混合芽,芽内既有花原始体,又有枝叶原始体,萌发后先抽枝叶,在所抽的枝上开花结果。

(三)柑橘枝梢

1. 柑橘枝梢依发生的时期划分

柑橘枝梢依发生的时间可分为春梢、夏梢、秋梢等。

春梢:一般在2~4月(立春至立夏)发生。萌发较整齐,数量较多。春梢因发育状态不同,有营养枝和结果枝之别。橙类、宽皮柑橘等的结果枝都是春梢。春梢营养枝,在幼树和青壮树上,能继续抽生夏梢和秋梢,在成年结果树上,继续抽梢较少,多成为第二年的结果母枝。

夏梢:一般在5~7月(立夏至立秋)陆续发生,抽梢不整齐,但生长壮旺。幼树发生夏梢较多,可用来培养骨干枝,加速树冠形成。夏梢可以成为良好的结果母枝,但初结果树抽生夏梢会加剧落果,因此,抹除夏芽是减少落果的措施之一。

秋梢:在 8～10 月(立秋至立冬)发生。枝长度、节间及叶的大小介于春梢和夏梢之间。秋梢是重要的结果母枝,以 8 月梢为最好,以后随抽发时间推迟,次年开花结果能力愈低,晚秋梢几乎无法利用,反而削弱树势。

2. 柑橘枝梢依枝条的性质划分

柑橘枝梢依枝条的性质可划分为营养枝、结果母枝和结果枝。

营养枝:只有叶芽而无花芽的枝条,称为营养枝。营养枝又分为普通营养枝、徒长枝、纤细枝、弱枝等。

结果母枝:着生混合芽,抽生结果枝,开花结果的枝条称为结果母枝。柑橘结果母枝的种类,有春梢母枝,夏梢母枝、秋梢母枝、春夏梢母枝、春秋梢母枝、夏秋梢母枝和多年生母枝等。

结果枝:直接开花结果的枝条,称为结果枝。依其开花习性和叶的着生状况,通常分为四种:有叶花序枝、叶单花枝、无叶花序枝、无叶单花枝。

三、花芽分化与开花

(一)花芽分化

柑橘具有四季成花的特性,花芽分化的时间,一般是在秋梢停止生长后开始,至第二年春季开花前进行。

促进花芽分化的措施:一是保持树势健壮,秋冬防止落叶;二是开春后及时促发大量健壮的营养枝;三是采果前后及时施肥,提早采果和分期采果,促进恢复树势;四是秋梢停止生长适当断根控水,并进行根外追肥;五是在花芽分化开始前 20～30 天采用环割、环剥粗枝或采用植物生长抑制剂抑制旺树的营养生长,促进花芽分化。

（二）开花

大多数柑橘品种,必须经过授粉受精后才能结果,否则子房不能发育而脱落。但有些品种如脐橙、温州蜜柑、无核柚、南丰蜜橘等,可以不经过授粉受精而结成无核果。

四、果实发育

1. 坐果

柑橘谢花后由子房膨大发育成为正常果实,生产上称为坐果。柑橘成年结果树,一般柑橘的坐果率只有 $1‰\sim5‰$,丰产园可达 $10‰$ 以上。

2. 落花落果

从花蕾至果实发育成熟的过程中所出现的花果脱落的现象,称为落花落果。

柑橘落花落果的时期和数量比较集中,一般有以下四次:第一次是落蕾和落花,主要原因是树体营养不良,或冬春气温过低等不良气候,造成花器发育不全引起。第二次是第一次的生理落果,一般从谢花后即开始脱落,以 $1\sim4$ 周落果量较大,脱落的是微膨大幼果。这次落果数量较多,主要是授粉受精不良引起的。第三次是第二次的生理落果,一般是从谢花后 $5\sim8$ 周脱落已膨大的小果,一般落果时间在 5 月下旬至 6 月下旬,故又称为 6 月落果。幼果发育过程中养分供应不足是本次落果的主要原因。第四次是后期落果,在果实已充分膨大或临近成熟时的落果,这次落果对产量的影响是很大的,主要原因是干旱、虫害严重或养分供应不足而引起的。

五、柑橘对环境条件的要求

一般柑橘适宜生长在年平均温度为 $15℃$ 的地区,最适宜温度为 23～30℃,≥10℃年积温为 4500℃以上;较耐阴,年日照时数为 1000～2700 小时;需要较湿润的气候,年降水量以 1200～2000 毫米,在柑橘生长季节,雨量多而均匀,适应性亦较广、紫色土、红黄壤、冲积潮土等都能生长结果。土壤 pH 以 5.5～6.5 为宜。

第三节 柑橘栽培技术

一、嫁接育苗

(一)常用砧木品种

常用砧木品种有枳、红橘、香橙、酸橙、甜橙和酸柚等。

(二)常用嫁接方法

春季采用单芽切接或小芽腹接法;秋季采用单芽枝腹接法,嫁接成活率较高。

二、建园种植

(一)整理

(1)园地选择。选水源充足又无山洪冲刷或积水的丘陵山地,坡度应在 25 度以下,土层深厚、心土结构松软、易透水、透气的沙土壤为佳。若土壤理化性状较差应进行改土。

(2)因地制宜。划分小区,并合理设计园间道路,作业道及排洪系统,防护林的营造,建筑物的安排等进行科学配置规划。

(3)修筑梯田。为保持水土,同时便于管理操作,必须修筑等高水平梯田。梯田的宽度应根据山坡度而定,如20～25 度的台面宽应在 3.5～4 米,坡度越小,台面越宽。

(二)定植

(1)选苗木。要选经过嫁接的一年生良种壮苗,并尽可能带土移植,适当修剪过多的树冠枝条。

(2)挖定植穴。在定植前 3 个月挖定植穴,深宽为 0.8×0.6 米,每穴施肥 50～100 千克禽畜粪或杂草青料,并加 0.5～1 千克石灰,与心土拌匀后回填入穴内,为防止下沉,回填土应比土面高 10～20 厘米。

(3)适时定植。定植最适宜时期为春季 2～3 月,春梢尚未抽发之时。灌水方便的果园,也可在晚秋定植,有利于次年早发。柑橘栽植株行距离依种类品种(系)、砧木、地势、土壤及气候等不同而异。柚类最宽,甜橙次之,宽皮柑橘、柠檬较窄,佛手、金橘最窄。一般丘陵山地土壤瘠薄宜窄,冲积地、平坝地要宽。根据各地栽培经验,各种柑橘每亩栽植株数大约如下:柚子 30～40 株(行株距 4 米×4 米或 5 米×4 米),宽皮柑橘、甜橙 40～60 株(行株距 4 米×4 米或 3 米×4 米),柠檬 60～80 株(行株距 3 米×4 米)。

(4)定植方法。在准备好的定植穴开深以 5～10 厘米的定植穴,放入苗后覆土、松紧适度,勿过紧过松。苗木不能直接栽在肥料上,避免根系与肥料接触而"烧"根。

(5)定植后的管理。定植后灌足定根水,并立支架以防大风摇动,影响成活并做好树盘覆盖,以保湿。定植后 20～30 天恢复生长,每半个月施稀薄的腐熟人粪尿一次,以促生长,并经常防治病虫害,统一放梢,培养良好树冠。

三、幼龄树的管理

(一)整形修剪

(1)苗木剪顶定干方法。在夏季新梢老熟后,离地面

20～25 厘米处剪顶使其分生主枝,培养矮干多分枝苗木。

(2)抹芽控梢方法。在剪顶后新梢萌芽时开始抹除零星早发的新梢,至每株有 5～6 芽梢时停止抹芽,待新梢长至 5～8 厘米时选留生长健壮,分布均匀的新梢 3～4 个作为主枝,其余都抹掉,主枝长过 18 厘米时短截,让其发新梢,以后依次类推,逐渐培养成圆头形丰产树冠。

(二)土壤管理

(1)进行深翻,扩穴。增施有机肥料,如垃圾、作物秸秆及禽畜粪等。幼龄期于行间套种豆科等绿肥作物,并在适当时期将绿肥、秸秆开沟压埋。加快土壤熟化进程,创造有利柑橘生长的水、肥、气、热条件。

(2)树盘。除用绿肥外,还可用作物秸秆、树叶等材料覆盖树盘,可起到保湿、稳定地温、增加有机质等作用。

(三)水肥管理

(1)灌水。南方秋冬季易发生干旱。当田间持水量的 50% 以下时便需灌水,可以采取沟灌浸润或全园漫灌,也可采用树盘灌水等方法。有条件的可建喷灌设施,既节水又增效。

(2)施肥。幼龄树以促进生长扩大树冠为目标,应以氮肥为主,并以少量多次为好。1～3 年生树的施肥量,年均每株每年可施纯氮 0.2～0.5 千克,从少到多逐步提高。施用时间可掌握在每次梢抽发之前。

四、结果树的管理

(一)树体修剪

春、夏、秋三季都可以进行修剪。常用的修剪方法有短截、疏剪、缩剪、抹芽放梢、疏芽疏梢、拉线整形、摘心、环割环剥、疏花疏果等。具体要求如下所述。

(1)根据生长结果习性进行修剪。一般树势强,直立的品种,多在树冠上部外围结果,故除修剪内部过密的细弱枝外,树冠外围的枝条应少剪。树势稍弱,树冠内外枝条均可结果的品种(如美国脐橙),以短果枝结果较高,故修剪宜轻,一般以短截为主,以促发较多粗壮短枝(结果母枝)。

(2)按不同枝梢生长结果特性修剪。

春梢:生长好的可成为翌年结果母枝或夏秋梢基枝。故修剪应去弱留强,去密留匀。

夏梢:徒长性较强,扰乱树型,且抽发太多会加重生理落果,故应抹除或长至15~20厘米时短截,使之抽生2~3枝秋梢成为结果母枝。

秋梢:生长充实,成为结果母枝百分率高,故不加修剪,但过密者应疏除一部分。

冬梢:生长不充实,徒耗养分,应及早抹除。

(3)根据植株树势和结果情况采取不同修剪法。对生长正常的稳产树,修剪程度要轻,仅剪除病虫害枝,交叉荫蔽枝,适当控制夏秋梢数量。对大龄树,因其结果多,夏秋梢抽生少,则修剪宜轻,以删除为主,结合短截的方法,培养生长良好的春、夏、秋梢成为翌年结果母枝。对小龄树,由于结果少,树势强,各次梢都较粗壮,故修剪应较重,采用短截结合疏删,减少次年的花量,为下一年丰产打下基础。

(4)环割环剥。环割是用利刀呈环状切破枝、干皮层的技术。环剥是用利刀在枝干上对切两刀环圈状割口,并剥去这一带状皮层的一种技术。在柑橘生产上应用环割环剥技术,主要作用有以下几种:①秋季(8月下旬至9月中旬)环割促进花芽分化。②花期(初花期至谢花期)环割或环剥减少落花落果,提高坐果率。③夏季环割或环剥促进果实转色,提高含糖量和可溶性固形物,降低含酸量,增进品质。环割圈数为1~3圈,环剥宽度为0.2~0.5厘米。主要处理对象是生长势强,无花或少花,落花落果严重而低产的品种品系、幼旺树和初结果树。

(二)水肥管理

(1)以有机肥为主,化肥为辅。其比例以3:1为适当,要根据柑橘生长结果的需要和各种肥料的性质,合理搭配使用。一般柑橘对氮、磷、钾三要素需要量的比例为1:0.5:0.7。此外还应补充缺乏的微量元素。

(2)施肥时期和施肥量。成年结果树栽培目的在于促进多抽梢,多结果,并保持梢果平衡,达到丰产优质的目的。施肥主要抓好四个时期。①春芽萌发期施用促梢壮花肥,以氮为主,配合磷、钾,施用量占全年的20%,具体是每亩人粪尿1500千克,尿素7.5千克。②幼果生长期施保果肥,以氮为主,配合磷肥,占全年施肥量10%。③秋梢期施壮梢壮果肥,以速效与迟效肥结合,即每亩施优质人粪尿1500~2000千克,加腐熟饼肥50千克,加尿素10千克。肥量占全年的35%,在新梢自剪后,根外追肥二次。④采果前后施基肥,仍以速效与迟效肥结合,肥量占全年的35%。以厩肥计算,每亩施3000~4000千克,并结合施石灰50~100千克。

(3)采收。柑橘宜适期采收,否则,不仅影响当年产量、果实的品质、耐性及抗病性,也影响树势恢复、花芽分化和翌年的产量。

柑橘过早采收的不良影响是果实品质差。一是果实的转色成熟过程,是着色、增糖降酸的过程。若采收过早,必然是果小,着色不良,果汁中糖少酸多,风味酸淡,把未熟果作为商品销售,会严重影响信誉。二是产量降低。因果实成熟前,果重仍在继续增加,过早采收会影响单果重而减产。

　　柑橘过迟采收,也会带来不良影响:降低品质。温州蜜柑、红橘等,过迟采收,果实过分成熟,容易造成浮皮果(发泡),风味变淡,不耐储运。甜橙过分成熟,易发生油斑病,果肉组织松软,易腐烂,不耐运,还会增加落果。果实过分成熟,果柄形成离层,会增加采前落果而减产,影响翌年产量。过迟采收,会影响树势的恢复和花芽的形成,导致次年减产。

　　柑橘果皮的油胞层是保护层,组织脆嫩,容易受机械损伤,破坏油胞层,容易遭受绿霉病、蒂腐病、黑腐病等病菌侵入,导致果实腐烂,降低储藏和运输性能,会造成重大经济损失。因此,必须进行细致采收。

模块五　梨的生产

第一节　梨的品种

一、白梨系

(一)茌梨

茌梨又名莱阳慈梨,俗称莱阳梨,是山东普遍栽培的白梨系统中的优良品种。因主要产地在莱阳市,原产地在山东茌平一带得名。果实大型,平均单果重220~280克,大者800克以上。未掐萼后呈卵圆形至纺锤形,掐萼者果实顶部膨大而成倒卵形或短瓢形。果皮薄,黄绿色或黄微带绿色。果点大而明显,深褐色,受外界刺激,常连片成褐色锈斑,影响外观。果梗粗,基部略肥大,梗洼窄浅。果心中大,果肉浅黄白色,肉质细嫩,脆而多汁,味浓甜,具芳香,石细胞小而少,品质极上。一般含可溶性固形物12%~15%,含酸0.1%左右。在山东莱阳、栖霞9月中下旬采收。果实在常温下耐藏性较差,一般可储藏一个月左右,冷库储存可至春节以后。

幼树生长健壮,极性强,新梢多而直立,树冠多呈直立扫帚形。萌芽力强,成枝力中等。以短果枝结果为主,中长果枝及腋花芽也能结果。自花不实,坐果率较低,采前落果较重。严格疏花疏果和落花后掐萼可提高果实商品价值。宜在夏季气温稍低、雨量适中的冷凉地区栽培。茌梨对土质有严格的要求，以沙壤土或纯细沙土最为适宜。黏重土壤树体生长不良，果实品质也差。

(二)香水梨

香水梨原产的山东栖霞，又名栖霞大香水、香水梨、南宫祠梨，为一古老品种。果实中大，平均重200克左右。果实椭圆形，端正，梗洼浅狭。脱萼，萼洼深广。采收时绿色，储后转黄绿色或黄色，果皮薄，果点小而密，较美观。有时果面生水锈，影响商品质量。果肉白色，肉质松脆但稍粗，汁多，味甜微酸，香气浓，石细胞较少。含可溶性固形物11%～14%，品质上等。山东胶东地区果实9月下旬成熟，普通窖藏可储存至次年3月底。

幼树生长健壮，发枝力较强，半开张，易形成中、短枝结果，腋花芽较多。幼树结果较早，果台枝抽生能力及连续结果能力强，在枝条稀疏时，易连续成花结果。但负载量过大时果实偏小。冬季遇有严寒易出现枝条甚至大枝冻害。花序坐果率高，常有簇生果，应注意疏花疏果。抗旱性稍差，对立地栽培条件要求严，以沙壤土最好。山地果园、粗砂地，树势弱，果实小，易发生缩果病，盐碱地缩果病也重。沙地建园应注意改土，山地园应改善水利条件。

(三)长把梨

长把梨原产自山东龙口市，又名黄县长把梨、大把梨、山东梨，为优良实生单株繁殖而来，栽培历史260多年。

果实中大，均匀，单果重210～250克。果实倒卵形，果皮黄色，无锈。脱萼，萼洼深广。果皮薄，蜡质多，果点小，果实外形美观。果梗长为主要特征。果肉白色，石细胞多，质脆稍粗，汁液多,微香,刚采收时较酸,储藏后甜酸。含可溶性固形物为10%～11%,口感偏酸,品质中下。山东半岛9月下旬至10月上旬成熟,果实极耐储藏,在胶东普通窖藏可储存至次年5～6月份。

树冠较大,幼树直立,萌芽力强,成枝力中等,树冠中枝叶较为稀疏,以短果枝结果为主。树势易衰弱,对肥水条件要求较高,应注意疏果并多短截促生枝条,复壮树势。自花不实,需严格配置授粉树。花序坐果率高,应加强疏花疏果。长把梨抗旱力强,适宜山地栽培,在河滩及平地栽培表现树势健壮,产性也好。但易感黑星病,只是虫害较轻。

(四)锦丰梨

锦丰梨是中国农业科学院果树研究所以苹果梨与茌梨杂交培育而成。果实近圆形,平均单果重280克,大者可达451克。萼片宿存,果皮黄绿色,储存后转为黄色。果点大而明显,果心小,质地细嫩、松脆,汁特多,风味浓郁,酸甜适口。含可溶性固形物含量为12%～15.7%,品质上等。果实9月下旬至10月上旬成熟。

树势健壮,萌芽率和成枝力均强。结果稍晚,一般4～5年结果,幼树长、中、短枝及腋花芽均能结果,丰产。授粉品种有早酥梨、鸭梨、苹果梨、砀山酥梨、金花梨等。该品种抗寒力强,抗黑星病。易生诱斑影响果实外观,并易受网蝽危害,需进行果实套袋加以解决。对栽培技术要求较严,喜大肥大水。适宜我国北方冷凉地区栽培。

二、沙梨系

(一)绿宝石

绿宝石梨又叫中梨1号,是中国农业科学院郑州果树研究所用新世纪和早酥梨杂交选育而成的,是目前早熟梨中综合性状较好的品种之一。

该品种果个大,果实近圆形或扁圆形,平均单果重 296 克左右,最大果重约 485 克。果面光洁,果点中大,翠绿色,套袋果黄白色。果柄粗短,萼洼浅,萼片残存。果肉乳白色,质地酥脆,石细胞少,汁液多,味甜微香,可溶性固形物含量为 11.8%。7 月中下旬成熟。自然储藏期 30 天左右。

绿宝石梨生长势强,萌芽率高,成枝力中等,分枝角度小。叶片长卵圆形,平展,叶缘锯齿锐且密。早果性强,高接树当年便可形成花芽,第二年即有产量。坐果率高,丰产性好,有腋花芽结果习性,进入盛果期以短果枝结果为主。抗病性强,对环境条件要求不严,特别对轮纹病、黑星病、干腐病的抗性较强。但个别年份裂果较重。

(二)黄金梨

黄金梨韩国园艺试验场罗州支场用新高与 20 世纪杂交育成的新品种,1984 年定名。

果实近圆形或稍扁,平均单果重 350 克,最大果重 500 克。不套袋果果皮黄绿色,储藏后变为金黄色。套袋果果皮淡黄色,果面洁净,果点小而稀。果肉白色,肉质脆嫩,多汁,石细胞少,果心极小,可食率达 95% 以上,可溶性固形物含量为 14%～16%,味甜。果实 9 月中下旬成熟,果实发育期 129 天左右。较耐储藏。

幼树生长势强,结果后树势中庸,树冠开张,萌芽率低,成枝力弱。以短果枝结果为主,成花容易,花量大,腋花芽结果能力强,早实性强,丰产。花粉量少,建园时需配置授粉树。适应性强,抗黑斑病和黑星病,但易发生铁头病。

（三）丰水梨

丰水梨是由日本农林省园艺试验场用（菊水×八云）×八云杂交育成的。果实扁圆形，果大，平均单果重 240 克，最大单果重 750 克，有 2～3 条缝合线，可溶性固形物含量为 16％，多汁，口感极佳。成熟颜色为红褐色，套袋果金黄色，半透明状。8 月下旬到 9 月初成熟。

该品种树冠中大，幼树期生长旺，结果后树势中庸。萌芽力高，成枝力弱。成花容易，结果早，以短果枝结果为主，坐果率高，易管理，稳产、丰产。适应性和抗逆性强，极抗黑星病，但不抗赤星病。

（四）新高梨

新高梨是日本的宫赤秋雄用天之川与今村秋杂交育成的一个中熟优良品种。果实圆形，平均果重 450～500 克，最大可达1000 克。果皮薄，果皮黄褐色，套袋之后变为浅褐黄色，果点小而密集。果肉乳白色，石细胞少，果汁多，可溶性固形物含量在15％左右，可食率达 92％，品质上等。10 月上旬成熟，自然条件下可储存至翌年 4～5 月份。

树势较强，树姿半开张形，萌芽率低，成枝力强，以中果枝和短果枝结果为主，丰产、稳产。花粉少，栽培时需配置授粉树，以丰水梨、秋黄梨、园黄梨为宜。适应性和抗逆性强，适栽范围广。抗黑心病、黑斑病能力强。如结果过多易造成树势早衰，栽培应时应加强疏果，并做好灌水和排水工作。

（五）园黄梨

园黄梨是韩国园艺研究所用早生赤与晚三吉杂交育成的新品种，是目前韩国正在推广的主栽梨品种之一。该品种果实扁圆形，平均果重 282 克左右，最大果重 600 克以上。果皮黄褐色,套袋果金黄色,果点小,无水锈,无黑斑,果面平整光洁,成熟后金黄色,外观极美。果肉为透明的纯白色,肉质细腻,柔软多汁,石细胞少,味甘甜,含可溶性固形物为 $12\% \sim 13.3\%$,并有浓郁香味,品质极上。

树势强健,树姿半开张,萌芽力强,成枝力中等。易形成短果枝和腋花芽,抗黑斑病能力强,栽培管理容易。自然授粉坐果率较高,结果早,丰产性好。

(六)水晶梨

水晶梨为新高芽变。果实圆形或扁圆形,平均果重 385 克,最大 750 克。成熟果乳黄色(前期深绿色),表面晶莹光亮,有透明感,外观诱人,果肉白色,肉质细嫩多汁,可溶性固形物含量为 14%,味甜,有香气。

树势强健,树姿略直立,萌芽力弱,成枝力中等。嫩枝青棕色,有白茸毛,老枝暗青褐色,皮孔黄褐色,大而稀,较突出。结果早、抗旱、耐寒、抗黑星病和轮纹病,但多雨年份易染黑斑病和褐斑病。

(七)爱宕梨

爱宕梨是由日本冈山县龙井种苗株式会社以 20 世纪与今村秋杂交育成的。果实扁圆形,果个大,平均单果重 415 克,但果个过大者或树势衰弱时果形不正。果皮黄褐色,果点较小,中密,果面较光滑。套袋果果皮淡黄色,果点不明显。果肉白色,肉质细脆,汁多,石细胞少,可溶性固形物含量为 $12\% \sim 16\%$,味酸甜可口,有类似 20 世纪梨的香味,品质上等。成熟极晚,10 月中下旬成熟,耐储性极强。

树势健壮,枝条粗壮,树姿直立,树冠中大,结果后半开张。萌芽力强,成枝力中等。各类果枝均能结果,以短果枝和腋花芽结果为主,花芽极易形成,自花结果率高。早果性好,定植后第二年见果,单株产量可达 4～5 千克,第三年可达 10 千克。坐果率极高,极丰产,稳产。生理落果和采前落果轻。但负载量过大影响发枝,幼树扩冠缓慢,成龄树易衰弱。对肥水条件要求较高,喜深厚沙壤土。幼树易发生蚜虫,较不抗黑斑病,抗寒性稍差。树体矮化,适宜密植,需防风。

三、西洋梨系列

(一)巴梨

巴梨原产地英国,1871 年自美国引入山东烟台。果实较大,壮树负荷适量时,单果重 250 克,果实为粗颈葫芦形。树势衰弱或留果过多时,单果重在 200 克以下。壮树结果少时,果大,果面深绿色,凹凸不平。采收时果皮黄绿色,储存后黄色,阳面有红晕。果肉乳白色,采后经一周左右后熟最宜食用,果肉柔软,易溶于口,石细胞极少,多汁,味浓香甜,含可溶性固形物为 12.6％～15.8％,品质极上。8 月中下旬成熟。果实不耐储藏,最适宜制作罐头,是鲜食、制罐的优良品种。

树势不稳定,幼树生长旺盛,枝条直立,呈扫帚状或圆锥状。芽力中等,成枝力较强,单枝生长量大。一般 3～4 年开始结果。直立枝上的短枝需经 1～2 年演化才能形成果枝,有腋花芽结果习性。枝干较软,结果负荷可使主枝开张直至下垂。初果期和盛果期树势健壮,以短果枝群结果为主,丰产潜力大。当肥水不足,树势衰弱时,产量下降。易受冻害,并易感腐烂病,使树株寿命缩短。

(二)红巴梨

美国品种,系巴梨的红色芽变。北京顺义区 1996 年引进。

果实粗颈葫芦形,果个大,平均单果重 210 克。果皮褐红色,果面凹凸不平,果点小而密。果梗粗。果肉白色,可溶性固形物含量为 14.6%。采后 7 天左右后熟变软,果肉易溶于口,味浓甜,品质上等。果实 9 月上旬成熟。

树势强旺,萌芽力、成枝力均强,幼树树姿直立,结果后开张。以中、短果枝结果为主,有自花结果能力。成花结果早,丰产,定植后 4 年进入初果期。高接树第三年见果。

(三)红安久梨

红安久梨是在美国华盛顿州发现的安久梨的浓红型芽变新品种。1997 年从美国引入我国。果实葫芦形,平均单果重 230 克,大者可达 500 克。果皮全面紫红色,果面平滑,具有蜡质光泽,果点中多,小而明显,外观漂亮。梗洼浅狭,萼片宿存或残存,萼洼浅而狭,有皱褶。果肉乳白色,质地细,石细胞少,经一周后熟后变软,易溶于口,汁液多。风味酸甜适口,芳香浓郁,可溶性固形物含量在 14% 以上,品质极上。在山东地区成熟期为 9 月下旬至 10 月上旬。

该品种树势健壮,萌芽率高,成枝力强,以中、短果枝结果为主。适应性强,栽培容易。果实硬度高,耐储运,是一个综合性状较好的晚熟红色品种。

(四)阿巴特梨

阿巴特梨原产地法国。北京市顺义区于 2001 年从意大利引进。果形独特,细长葫芦形,果个大,平均单果重 275 克。果皮黄绿色,阳面有红晕,皮厚,较光滑,有时有锈斑。萼片宿存,萼洼浅。果肉白色,后熟后为溶质,汁液多,味甜,有清香,果心小,可溶性固形物含量为 13.1%,品质上等。果实 9 月上旬成熟。

幼树生长健壮,结果后树势中庸。萌芽率高,成枝力中等。以短果枝结果为主,成年树长、中、短果枝均能结果。抗黑星病、黑斑病能力强,极抗梨锈病,但抗枝干粗皮病能力差。

(五)康佛伦斯梨

英国品种,果实细颈葫芦形,果个大,平均单果重260克左右。果皮绿黄色,阳面有淡红晕。果面平滑有光泽。果梗较长,与果肉连接处肥大。无梗注,有唇形突起。萼片宿存,直立而半开张。萼注浅广,有皱裙。果肉白色,肉质细,紧密,经后熟变柔软,汁多,味甜,有香气,果心较小,可溶性固形物含量为14.2%,品质极上。果实9月中旬成熟。

植株生长势中等,萌芽力强,高接树第三年开始结果。自花授粉结果率高,丰产,稳产。适应能力较强,抗黑星病和梨木虱,抗寒、抗旱。果实9月上旬成熟,不耐储藏。

(六)八月红梨

八月红梨是早巴梨与早酥梨杂交品种。果实卵圆形,平均单果重260克,果皮底色淡黄色,向阳面红色。果肉乳白色,肉质细脆,汁多,味甜,香气较浓,品质上等,可溶性固形物含量为12.9%。果实8月中下旬成熟。

生长势强,幼树直立,萌芽率高,成枝力中等。各类果技及腋花芽结果能力均强。果台副梢连续结果能力强。结果早、丰产、抗黑星病,是有发展前途的红色品种。

第二节　梨树的栽培环境

一、温度

温度是制约栽培范围的重要因子。梨树喜温,生育需要较高的温度,休眠期则需一定的低温。不同种类的梨树,对温度要求相差较大,同一种类不同品种也有一定差异。梨树适宜的年平均温度秋子梨为 4～12℃,白梨及西洋梨为 7～15℃,沙梨为 13～21℃。当土温达 0.5℃以上时,根系开始活动,6～7℃时生长新根,其中杜梨要求温度低,沙梨和豆梨要求温度较高,超过 30℃或低于 0℃时即停止生长。当气温达 5℃以上,梨芽开始萌动,气温达 10℃以上即能开花,14℃以上开花加速。梨的耐寒力也不同,原产中国东北部的秋子梨极耐寒,野生种可耐-52℃低温,栽培种-30～-35℃;白梨类可耐-23～-25℃;沙梨类及西洋梨类可耐-20℃左右。

但不同品种也有差异,如白梨系统的苹果梨可耐-29.8℃,而秋子梨系统的软儿梨,低于-23℃即有冻害。在山东莱阳往梨花器官司的受冻临界温度,现蕾期为-5℃,花序分离期为-3.5℃,开花期 1～2 天为-1.5～-2℃,开花当天为-1.5℃。

二、光照

梨树喜光,年需日照时数在 1600～1700 小时。光照不足影响花芽分化和果品质量,但梨的光合速率一般低于苹果,多在产生 CO_2 10 毫克/(平方分米·小时)以上,但品种间差异较大,一般西洋梨最高,白梨次之,沙梨最低。据日本杉山报导,日本梨在 5 月份,每天日照 8～14 小时,光合生产率在 3.42～5.2 克/(平方米·天)就不致发生大小年了。

树冠内光照低于自然光照的 30%,叶片就会变薄,叶色变淡、芽小、坐果率低,生长衰弱,影响果实产量和品质。因此在生产中要合理密植,培养合理的树形,控制树高和冠幅,保持良好的通风透光条件。

三、水分

秋子梨、白梨、西洋梨原产于夏季干燥地区,性喜干燥。沙梨原产于温暖、湿润地区,性喜湿润。梨需水量较苹果大,蒸腾系数(每生产 1 克干物质消耗水的克数)为 284～401 克,其中西洋梨较低,为 284～353 克。梨每平方米叶面积日蒸发水分约 40 克左右,低于 10 克时即能引起伤害。不同种类对水分要求也有差异,其中沙梨需水量最高,要求栽培区年降雨量在 1000 毫米以上,其次为西洋梨和白梨,年降雨量为 500～900 毫米,秋子梨需水量最少,年降雨量 500～750 毫米即可满足要求。梨一年中需水最多的时期也是新梢旺长期和果实迅速膨大期。

梨树较耐涝,但并不喜涝,生长期中的沙梨在低氧水中 9 天,即凋萎。不同的砧木抗旱性和耐涝性也不同。杜梨既抗旱又耐涝,其次是豆梨和秋子梨,褐梨抗旱但不耐涝。雨量分布不均,久雨、久旱或旱后忽雨,常引起梨树生长不良,果小、裂果、易感病等,这就需要及时旱灌涝排。

四、土壤

梨树对土壤要求不严,沙土、壤土、黏土都可栽培,但仍以土层较深,土质疏松,排水良好,地下水位不过高的沙壤土为好。实践证明,沙壤土上结出的果实肉细、味甜、皮薄,外观美丽,而黏土地上结出的果实肉粗、味酸、皮较粗。

梨喜近中性的土壤,pH 在 5.8～8.5 之间均可生长良好。但不同种类的砧木对土壤要求不同。沙梨、豆梨要求偏酸,杜梨可偏碱。梨树亦较耐盐,含盐量不超过 0.25% 均可正常生长,超过 0.3% 生长受抑,甚至死亡。其中杜梨耐盐力较强,沙梨、豆梨较弱。

第三节　梨树栽培技术

一、保花保果

（一）落花落果的时期和原因

梨树有落花重，落果轻的特点。落花一般发生在花后 7～10 天，落果发生在盛花后 30～40 天，一般不发生第二次落果。引起落花落果的主要原因有如下几个方面：

1. 营养不良

如果上一年结果过多，使树势衰弱，树体储藏营养不足，导致花芽分化受阻，花芽质量差，出现花粉量少，花粉发芽率低，花粉管伸长慢等，影响树体授粉受精。

2. 授粉树数量不足或缺乏授粉媒介

梨树多数品种自花结实率低，有的品种花粉少，发芽率低，如果建园时授粉树配置不当，或者缺乏昆虫传粉，也能造成落花落果。

3. 气候不良

如果花期或幼果期遇到低温，造成花或幼果受冻，必然会出现落花落果。据莱阳有关人员观察，柱梨树受冻的临界温度为：现蕾期−5℃，花序分离期−3.5℃，开花前 1～2 天为−1.5～−2℃，开花当天−1.5℃。另外，花期连阴雨，造成花粉黏滞，也能影响授粉受精，出现落花落果现象。

4. 树体旺长

如果氮肥和水分过多，修剪过重，枝条旺长，营养生长所消耗营养过多,也是造成落果的重要原因。

5. 药害

梨树花和幼果对农药极为敏感,若选用农药种类不当,配药浓度过高,盲目混配农药,喷药压力过大等,极易伤害花器官和幼果而造成落花落果。

(二)提高坐果率的措施

1. 满足授粉需求

首先,建园时要配置足够的授粉树,而且授粉树布局要合理。其次,开花时创造良好的授粉受精条件,如人工辅助授粉,释放角额壁蜂或蜜蜂(方法参照苹果部分),花期不灌水,不打药等。

2. 增加树体营养

梨树花量大,开花期集中,从萌芽展叶,到开花坐果是消耗营养最多的时期,而且主要是消耗上年树体储备营养,所以树体营养储备少,落花落果即严重。生产上要求重视后期管理,早施基肥,秋季保护好叶片,改善树体光照,都能提高坐果率。另外,花期喷施 0.2%～0.3% 硼酸、0.3% 尿素、0.2% 磷酸二氢钾或其他有机营养液肥也能提高坐果率。

3. 早疏花果

通过修剪,控制花芽量,花序分离期疏除过多的花序,开花期疏花,幼果坐定后及时疏果,以减少树体营养消耗,能明显减轻落花落果。

4. 花期防霜

树体活动以后,特别是萌芽、开花及幼果期,如果出现晚霜,极易使花芽、花期或幼果受冻,而出现严重的落花落果,有的年份甚至造成绝产。因此,在经常容易出现晚霜危害的地方,要注意防霜。①适地建园是避免晚霜危害的根本措施。②增施有机肥,提高树体抗冻能力。③霜冻来临前园内浇水或冷空气来临时喷水,缓冲温度的下降速度。④在冷空气到来时,在梨园周边点火烟熏。⑤花前灌水,延迟萌芽开花,树干涂白,减少树体热量散发,都可减轻或防止晚霜危害。

二、疏化疏果

疏花疏果与保花保果是相辅相成的技术措施。盛果期梨树或生长较弱树,往往花芽量多,结果多。对树体生长和生产优质果不利,且易发生"大小年"。因此应采取"三疏"措施,即疏花芽、疏花(蕾)、疏果,控制全树的花量和适宜的留果量。

(一)疏花芽

冬季修剪时,疏除多余的花芽,使全树花芽叶芽比保持在1:1或3:2为宜。每亩产果 2000 千克,多数品种可保留花芽1.2 万只左右。实际操作时,可一个短果枝群留 1～2 个花芽。3～4 年生枝段上的短果枝一般 10 厘米左右留一个花芽。

(二)疏花(蕾)

花蕾露出时,将过多的花蕾疏除,注意保留花序中长出的幼叶,是早期形成全树叶面积的基础。疏蕾标准按大型果每隔25 厘米留一个花序。注意疏弱留壮,疏小留大,疏密留稀,疏腋花芽,疏除萌动过迟的花蕾。开花期,每个花序保留 2～3 朵边花,其余及时疏除。

(三)疏果

疏果于花谢后 10～15 天,一般每花序留一个果,疏除多余的果实,使叶果保持 25～30:1。疏果时首先疏除病虫果、畸形果、受精不良果和无叶果。同一品种宜留果形较长、果梗长而粗、果面有光泽的幼果。黄金梨、丰水梨等尽量选留花萼不宿存的果。

疏果时,应看树留果,强壮树、健壮枝多留,反之则少留;树冠顶部多留,枝角小得多留;疏弱留强,疏小留大,疏密留稀,对一个枝组内的果实,应疏上下留两侧,并根据树体大小、树势强弱、果形大小、计划产量等因素确定留果量。例如,计划每亩产2000千克果实,要求单果重达到250克以上,则需留果子8000个,加上10%的保险率,则应留果9000个。如该园的株行距是3×4米,则每亩栽树56株,每株树约留果160个。

三、果实套袋

梨果套袋能有效改善外观色泽,保持果面洁净,使果点小而浅,色泽均匀,有光泽,提高商品性;也可减轻病虫害、风害及裂果等,降低农药残留,提高果品的安全性;同时还可延缓采摘,延长货架寿命。

(一)果袋选择

随着果实套袋技术的推广,市场上各种类型的果袋相继出现。有单层的、双层的,有内黑的,有内白的等。套袋后的果皮色泽因袋质而异,青皮梨套白色袋可保持本色,随着袋质遮光性能的增强,果皮色泽可由青黄色转淡黄色,直至乳白色。褐皮梨皮色与袋质关系稍不明显,随着遮光性能的增强,由浓褐色转至淡褐色。所以不同的品种按照不同的市场要求,应选择使用不同的果袋。但总体应选择防水性、透气性较好,且不易变形和破损的果袋。最好选用具有杀菌防虫效果的专用果袋。

(二)套袋时间

套袋时间一般在花后20~30天开始,北方梨区在5月中下旬疏果结束后进行。过早套袋,易折伤果柄,或袋重致使果柄弯曲,引起落果;套袋过晚,果实外观变差。黄金梨多采取二次套袋方法,即谢花后 15～20 天套小蜡袋,5 月下旬至 6 月上旬再在小袋外套一层大袋(最好是内纸压光,外纸打蜡的),待幼果增大时,将小袋撑开,留在大袋内。

套袋前喷一次杀虫、杀菌剂,待药剂干燥后再套。如套袋期遇降雨,雨后对未套园应再喷一次药后套袋。面积大的梨园可喷一片套一片。首先,套袋前药剂最好不用乳剂,而用粉剂或水剂,以避免加重果面锈斑。其次,要注意套袋质量,套袋时要先撑开袋口,左手托起袋底,撑开整个果袋,让袋底两通气排水口张开,再套上果实,使梨果正中置于袋中,避免果面与纸袋贴住。然后按折扇方式收紧袋口并扎紧扎实,使袋口不要形成漏斗型,以防雨水和农药等流入袋内。梨一般采前不需要摘袋,连同果袋一起采收。

模块六　桃的生产

第一节　桃树品种

桃品种很多,全世界有 3000 个以上,我国约有 1000 余个,而用于生产栽培的百余个。依成熟期可分为极早熟、早熟、中熟、晚熟和极晚熟五类;依果肉色泽可分为黄肉桃和白肉桃;依用途可分为鲜食、加工、兼用品种以及观花用的观赏桃等;依果实特征可分为普通桃、油桃、蟠桃以及油蟠桃四大类型。

在不同桃品种中普通桃是我国传统栽培量最大的品种类型,约占 80% 以上。近几年来,油桃有上升趋势,蟠桃也开始走俏市场。现将目前生产上的主要桃树品种介绍如下。

一、普通桃

1. 早霞露

果实生育期较短,约 55 天,为极早熟品种,果实长圆形,平均单果重为 85 克,最大果重 150 克,果皮淡绿色,顶部有红晕,外观美,易剥皮,果肉乳白色,肉质柔软多汁,味较甜,略有香气,可溶性固形物含量为 10%,黏核。

该品种树势中庸,树姿开张,以中、长果枝结果为主,复花芽多,花粉量大,丰产稳产。

2. 雨花露

果实生育期为 70 天左右,果实长圆形,平均单果重 125 克,最大果重 150 克,果面乳白色着红条纹,果肉白色,柔软多汁,风味甜,有香气,可溶性固形物含量为 12%,品质上等,半离核。

树势强健,树姿开张,各类果枝均能结果。复花芽多,花粉量大,自花结实率高,丰产稳定,也是良好的授粉品种。

3. 安农水蜜

果实生育期为 73 天左右,果实特大,平均单果重 245 克,最大果重 600 克,果实长圆形,底色黄白,面着红霞,外观较美,味甜汁多,风味浓郁,半离核,可溶性固形物为 11.5%~13.5%。

该品种树体强健,枝条粗壮,生长量大,复花芽较少,幼树期以中、长果枝结果为主,大树以中、短果枝结果为主,成花较晚,幼树期修剪时应轻剪长放,促其成花。另外,该品种对肥水要求较高。花粉少,建园时需配授粉树。

4. 春艳

果实生育期为 65 天,果形圆正,果实大,平均单果重 120 克以上,最大果重 210 克,底色乳白娇嫩,面色鲜红,外观美丽。果肉白,质地细,香气浓,味甜、汁多、爽口,可溶性固形物含量为 12%~14%,品质佳。

该品种树势健壮,树姿开张,复花芽多,自花结实能力强,结果早,丰产、稳产。适应性强,抗寒抗旱,既是保护地栽培的理想品种,也是露地栽培很好的极早熟品种。

5. 早凤王

早凤王桃是早凤桃的芽变品种。果实生育期为 75 天,果实近圆形,平均单果重 312 克,最大果重 620 克。果皮底色白,果面深粉红色,全面披条状或片状红霞,着色良好,艳丽美观,果实硬脆而甜,口感好,可溶性固形物含量为 11.2％,黏核。

树势强健,树姿半开张,发枝量大,成形快,复花芽多,坐果率高,花芽着生节位低,抗逆性强同,是一个有发展前途的早熟、丰产、稳产的优良新品种。

6. 青研 1 号

青研 1 号系青岛市农业科学研究所用上海水蜜自然杂交培育而成。该品种果个大,平均单果重 257 克,果实长圆形至近圆形,果顶微凹,缝合线浅而明显,梗洼中大。果面极易着色,大部分鲜红。果肉白色,近皮部散生红色。肉脆,味甜,完熟时柔软多汁,含可溶性固形物为 9.23％,黏核。果实生育期为 73～74 天,在青岛地区 6 月底成熟。

该品种树姿开张,树势中庸,长枝结果率较高,早实丰产。但花粉少,自花结实率低,栽植时需配置授粉树。较抗白粉病。

7. 仓方早生

仓方早生桃为日本品种。果实大,平均果重 240 克,最大果重 450 克。果实圆形,果顶平,梗洼较深,缝合线浅而不明显。果面全红,外观美丽。果肉乳白色,带有红色,硬溶质,肉质细,汁液多,风味甜,可溶性固形物含量在 13％以上,黏核,核偏小。耐储运。果实 7 月上中旬成熟。

树势强健,树姿开张,萌芽率、成枝力均强。幼树期以长果枝结果为主,成龄树以中、短果枝结果为主,结果枝粗壮,稍稀,花芽起始节位较低,复花芽多,花粉败育。适应性广,抗性强。

8. 大久保

大久保桃果个大,平均果重 200～300 克。果实近圆形,果顶圆,微凹,缝合线较明显。果面黄绿色,阳面有红晕。果皮稍厚,充分成熟后离皮。果肉乳白色,阳面近皮处果肉有少量红色,离核,近核处稍有红色,果肉硬溶质。味香甜,品质上等,较耐储运。8 月上旬成熟。

树势中等偏弱,树姿极开张,枝条易下垂,以长果枝结果为主,复花芽多,副梢结果能力强。花粉多,坐果率高,丰产,是一个极好的鲜食和加工兼用品种。

9. 新川中岛

新川中岛桃是日本的池田氏从川中岛白桃中选育的优良品系。果实大,平均果重 260～350 克。果实圆形至椭圆形,果顶平,缝合线不明显,两侧对称。果皮底色黄白,成熟时全面着鲜艳红色,果面光洁,绒毛稀而短。果肉黄白色,肉质致密,汁多,味甜,含可溶性固形物为 15％～18％,品质优,半离核,耐储运。果实 8 月上中旬成熟。

树势健壮,树姿开张,幼树以长、中果枝结果为主,进入盛果期后,以中、短果枝和花束状果枝结果为主。容易成花,复花芽多,花芽着生节位低。花粉量少,且不易散发,自花授粉坐果率低,栽培中要注意配置授粉树。

10. 莱州仙桃

莱州仙桃系莱州市果树技术推广站于 1987 年在全市桃品种资源普查中发现的一优良单株。该品种果个大,平均单果重 273 克。果实近圆形,色泽艳丽,果肉脆,可溶性固形物含量为 12.3％,核小,离核,较耐储运。8 月下旬成熟。

树势健壮,树姿开张,节间短,萌芽率高,成枝力强。以长、中果枝结果为主,复花芽多,花芽起始节位低,早果,丰产。但花粉极少,建园时需配置授粉树。

11. 莱山蜜

在烟台市莱山区莱山镇西曲村一农民院内发现的一棵桃

树,经烟台市有关专家鉴评,初步断定是实生变异。果个大,平均果重 510 克。近卵形,果顶略突出,缝合线明显,成熟时果面鲜红色。果肉乳白色,肉质细密,味甘甜,可溶性固形物含量为 14.2%,品质上等,黏核。在烟台 9 月上中旬成熟,果实挂树期长,不裂果,较耐储运。目前已在山东、河北、辽宁等省有大面积的栽培。

树势健旺,树姿开张。萌芽率高,成枝力强,树冠形成快。复花芽多,以中、长果枝结果为主,成花易,结果早,坐果率高,极丰产,稳产。生产中应注意疏花疏果。

12. 寒露蜜

山东省青岛市东郊河马石村选出来的芽变品种。因其接近寒露节成熟,味又甜,故命名寒露蜜。果个大,平均果重 246 克。果实近圆形,果顶圆,果尖凹,缝合线浅而宽,微过顶。果皮黄绿色,阳面为条纹红色,茸毛较少。果肉黄绿色或黄白色,黏核,近核处紫红色,味甜,质脆。可溶性固形物含量为 13%～15%。9 月底 10 月初成熟。

树势强健,树姿开张。幼树以长、中果枝结果为主,成年树以短果枝结果为主。多复花芽,花粉多,坐果率高,丰产。但有裂果现象,如采用套袋栽培可防止裂果,并使果面光洁,色泽鲜艳。近年来通过套袋栽培,取得了较高的经济效益。

13. 冬雪蜜桃

冬雪蜜桃系青州市果树站于 1986 年在该市曹家沟村实生苗桃园中发现的变异单株。该品种果实圆形,平均单果重 110 克,大者 210 克以上。果皮底色淡绿,阳面着玫瑰红色,茸毛少。果肉绿白,近核处微红,肉质脆而细,味甜,清香,可溶性固形物为 18%～20%,半离核,核小,可食率达 96.5%。果实

11 月上旬成熟。

树势健壮,成花容易,自花授粉结实率高,丰产。适应性广,抗旱、抗寒、耐瘠薄,在山地、丘陵地栽植生长结果良好。

二、油桃

1. 丽春

丽春桃 6 月上旬成熟,果实生育期为 53～55 天。平均单果重 128 克,最大果重 320 克。果实圆形,全面着玫瑰红色,极美观。果肉白色,半黏核,含可溶性固形物为 13.2%,脆甜可口,似秋天大枣风味,充分成熟后更甜,硬度高,耐储运。

该品种树势健旺,树姿开张,花粉量中等,自花结实力强。2002 年成熟前降雨 30 毫米未发现裂果现象,采前不落果,特丰产。因成熟早,果个大,色泽美,品质优,是目前露地栽培和保护地栽培的理想品种。

2. 超红珠

超红珠桃 6 月上旬成熟,果实生育期为 55 天。平均单果重 122 克,最大果重 293 克,果实椭圆形,果面全面着浓红色,鲜艳亮丽。果肉乳白,脆甜可口,含可溶性固形物为 12.1%,口感似大枣,完熟后品质更佳,黏核。

该品种树势健旺,自花结实,花粉量大,坐果率高,且成花容易,栽植当年成花率达 98%以上,早果、丰产、稳产,适合露地和大棚栽培。

3. 春光

春光桃果实生育期为 63 天,在山东烟台 6 月中旬前后成熟。平均单果重 152 克,最大果重 326 克。果实圆形,果面全红亮丽,美观漂亮。果肉黄色,黏核,浓甜多汁,可溶性固形物含量为 15.2%。

该品种树势中庸,树姿半开张,萌芽率高,成枝力强,成花容易,定植后,第二年所有芽眼都能成花。自花结实,早期丰产、稳产。

4. 早美光

早美光桃果实发育期为 70 天左右,果实中大,近圆形,平均单果重 86 克,最大果重 138 克。果面光滑,全面浓红,外观美丽。肉质细嫩,汁液中多,风味酸甜,香气较浓,品质上等,可溶性固形物含量为 11.5%。雌雄蕊健全,自花授粉能力强。

该品种树势强健,树姿开张,萌芽率和成枝力均较强。以长、中果枝结果为主,复花芽较多,成花容易,丰产、稳产性能好,无采前裂果现象。

5. 早红宝石

该桃果实生育期为 60~65 天,果实圆形端正,平均单果重 100 克,最大果重 150 克。果面光洁艳丽,全面着宝石红色,极为美观。果肉黄色,柔软多汁,风味浓甜,有香气,可溶性固形物含量为 12%~13%,黏核,不裂果,较耐储运。

该品种幼树生长旺盛,萌芽力、成枝力均高,进入结果期后长势中庸。早果性好,坐果率高,丰产性好,花芽形成容易,各类果枝均结果良好,但以中、长果枝为主。果实极易着色。

6. 早红珠

早红珠为全红型极早熟白肉甜油桃,果实发育期为 62~65 天,果实近圆形,平均单果重 98 克,最大果重 165 克。外观艳丽,全面着明亮的鲜红色。果肉软溶质,肉质细,风味浓甜,香味浓郁,品质优,可溶性固形物含量为 11%,黏核。6 月中下旬成熟。

该品种树势中庸,树姿半开张,各类果枝结果能力良好,自花结实能力强,生理落果轻,复花芽多,花芽抗寒力强,幼树结果早,花粉多,丰产。

7. 曙光

曙光桃果实近圆形,平均果重 120 克,最大果重 200 克。果实全面浓红色,有光泽,艳丽美观。肉质细脆,风味浓甜,有香气,可溶性固形物含量为 13%,品质优,较耐储运,不裂果,黏核。果实生育期为 60~65 天,需冷量为 700 小时左右,是比较有前途的保护地栽培油桃品种。

树体生长较旺,树姿开张。枝条节间短,易成花,结果早,丰产。该品种虽花粉量多,但自花授粉坐果率低,需配授粉树,并严格控制花期温度。

8. 华光

华光桃由中国农业科学院郑州果树研究所采用人工杂交培育而成。该品种果实近圆形,平均单果重 88.2 克。果顶圆平,微凹陷,缝合线浅,两侧较对称。果实底色绿白,面色着玫瑰红色,外观艳丽,果皮中厚,不易剥离。果肉乳白色,溶质,纤维中等,有香味,可溶性固形物含量为 14.2%,黏核。果实 6 月上旬成熟,多雨年份有轻度裂果现象。

树势生长健壮,树体紧凑,早期丰产性好,能自花结实。需冷量约 500 小时,较适宜保护地栽培。

9. 艳光

艳光桃果实大,椭圆形,平均单果重 120 克,最大果重 220 克。果皮底色白,全面着玫瑰色,艳丽美观。风味浓甜,有芳香,可溶性固形物含量为 14%,品质优,较耐储运,不裂果。花粉量多,自花结实,丰产,果实生育期为 65~70 天,6 月下旬成熟,适用于保护地栽培。

该品种幼树生长较旺,生长量较大。各类果枝均能结果,但以长、中果枝结果为主,自花结实率达 30% 以上。

10. 瑞光 2 号

瑞光 2 号桃是由北京市农林科学院林业果树研究所于 1981 年用京玉与 NJN76 杂交育成的,1997 年通过审定并命名。果实短楠圆形,平均单果重 130 克,最大果重 158 克。果顶圆,缝合线浅,两侧较对称,果形整齐。果皮底色黄色,果面 1/2 紫红或玫瑰红色点或晕,果皮不易剥离。果肉黄色,成熟后柔软多汁,硬溶质,味甜,有香气,可溶性固形物含量为 7.0% ~ 10.2%,黏核。果实 7 月上中旬成熟。

树势强,树姿半开张,发枝力强,复花芽较多,花芽起始节位低。各类果枝均能结果,自花结实率达 25% 左右,丰产。

11. 瑞光 3 号

瑞光 3 号桃是由北京市农林科学院林业果树研究所于 1981 年用京玉与 NJN76 杂交育成的,1997 年通过审定并命名。果实短椭圆形,平均单果重 135 克,最大果重 151 克。果顶圆,缝合线浅。果皮黄白色,果面 1/2 紫红或玫瑰红色点或晕,果皮不易剥离。果肉白色,有少量红色素、硬溶质,完熟后柔软多汁,味甜,淡香,可溶性固形物含量为 9.5% ~ 11.0%,半离核。果实 7 月上中旬成熟。

树势强,树姿半开张,发枝力强,花芽起始节位低,花芽饱满,复花芽多,小花型,花粉量多。各类果枝均能结果,极丰产,是我国培育出的第 1 代白肉甜油桃品系。但果实不耐储运,在雨水多的年份,有裂果现象,可在我国北方地区适量发展。

三、蟠桃

1. 早露蟠桃

早露蟠桃于 1978 由年北京市农林科学院林果研究所以撒花红蟠桃与早香玉杂交培育而成。果实发育期为 67 天,果个中等大,平均单果重 68 克,最大果重 95 克。果形扁平,果顶凹入,缝合线浅。果皮底色乳黄,果面覆盖红晕。果肉乳白色,近核处微红,肉质细,硬溶质,微香,风味甜,含可溶性固形物为 9.0%,核小,黏核。极少裂果。

树势中庸,树姿开张,萌芽率高,成枝力较强,复花芽多,花粉量大,坐果率高,丰产。但应注意疏花疏果,以增大果个。

2. 早硕蜜

早硕蜜桃于 1985 年由江苏省农业科学院园艺研究所用白芒蟠桃与朝霞水蜜桃杂交育成。果实扁平形,平均单果重 95 克,最大果重 130 克。果皮乳黄色,果面着玫瑰红晕,色泽艳丽。肉质柔软多汁,风味甜,有香气,可溶性固形物为 11%~15%。果实发育期约 65 天,在南京地区 6 月初成熟。

该品种适应性强,早果,丰产。但花粉不稔,需配置授粉树。

3. 早魁蜜

早魁蜜桃于 1985 年由江苏省农业科学院园艺研究所用晚蟠桃与扬州 124 蟠桃杂交育成。果实扁平形,果个大,平均单果重 130 克,最大果重 180 克。果皮乳黄色,果面着玫瑰红晕,肉质柔软多汁,风味浓甜,有香气,含可溶性固形物为 12%~15%,果核小。在南京地区果实 6 月底至 7 月初成熟。

4. 瑞蟠 2 号

瑞蟠 2 号桃系北京市农林科学院林果研究所选育的中熟蟠

桃新品系。果实扁圆形,平均单果重 160 克,最大果重 350 克。果皮白色,1/2 以上着玫瑰红色。果肉白色,味甜,多汁,含可溶性固形物为 12%,黏核。果实 7 月中旬成熟。

5. 花红蟠桃

花红蟠桃果实扁圆形,平均单果重 120 克,果顶凹入,两半部不对称,缝合线明显,梗洼深。果皮乳黄色,顶部着红晕,密布深红色斑点,果皮较厚,韧性强,完熟时易剥离。果肉乳白色,近核处微红,肉质柔软,汁多,味香甜,纤维少,含可溶性固形物为 11.9%,黏核。果实 7 月中下旬成熟。

树势中等偏强,树姿开张。复花芽多,花芽起始节位低,以短果枝结果为主,丰产。

6. 瑞蟠 4 号

瑞蟠 4 号桃系北京市农林科学院林果研究所选育的中熟蟠桃新品系。果实扁圆形,平均单果重 220 克,最大果重 350 克。果皮白色,1/2 以上着深红色晕。果肉白色,硬溶质,味浓甜,多汁,含可溶性固形物为 12%～14%。黏核。果实 8 月底至 9 月初成熟,果实发育期约 134 天。

该品种树势中庸,树姿开张,各类果枝均能结果,但以中、长果枝为主。复花芽多,花芽起始节位低,花粉多,早果,丰产。

7. 仲秋蟠桃

仲秋蟠桃果实扁平形,平均单果重 137 克,最大果重 205 克。果顶浅凹,梗洼广、中深,肩部平圆,缝合线明显,两边对称。果实底色绿白,面色呈片状鲜红,果皮薄,完熟后易剥离。果肉白色,细腻,可溶性固形物含量为 16.8%,味甜,品质上等,离核。

树势强健,树姿直立,萌芽率高,成枝力强。复花芽多,花芽着生节位低。各类果枝结果均好,短果枝寿命长,花粉多,自花结实率高,丰产,稳产。

第二节　桃树的栽培环境

一、温度

桃的适应范围广,在年平均气温为 8～17℃ 的地区均可栽培,北方品种群适宜的年平均气温为 8～14℃,品种群为 12～17℃。生长期平均气温为 19～22℃,开花期需 10℃ 以上。果实生长发育的适宜温度为 20～25℃。据美国资料介绍,生长期月平均温度在 18.3℃ 以下时,果实品质差,达 24.9℃ 时,则产量高、品质好。我国桃产区 6～8 月温度一般均在 24℃ 以上,所以有利于果实的生长发育。

桃树在冬季休眠期需一定量的低温才能正常萌芽生长、开花结果。如果冬季温度过高,则不能顺利完成休眠,造成翌春萌芽晚,开花不整齐,授粉受精不良,产量降低。休眠期需冷量以日平均温度≤7.2℃ 的温度累积时数为 500～1200 小时。所以,我国由于冬季气温较高限制了桃树的发展。

桃树不同品种对低温抵抗力不同,一般品种可耐 -22～-25℃ 的低温。有的品种在 -15～-18℃ 时,花芽和幼树发生冻害。-25℃ 以下时树体受害,-28～-30℃ 时严重受害,甚至整株死亡。花芽萌动后的花蕾变色期受冻温度为 -1.1～-6.6℃,开花期为 -1～-2℃,幼果期为 -1.1℃。

二、水分

桃树在年周期发育中,需要适量的水分。试验证明,桃树要求适宜的土壤田间持水量为 60%～80%，当田间持水量在 20%～40%时还能正常生长，降到 10%～15%时，叶片出现凋萎，严重影响桃树的生长发育。

桃树耐旱怕涝。排水不良和地下水位过高，会引起根系早衰，叶片变薄，叶色变淡，生长降低，进而落叶、落果、流胶以至死亡。因此雨季要注意排水防涝。

三、光照

桃原产我国西北部光照很强的大陆性气候，形成了喜光的特性。当光照不足时，树体同化产物显著减少，根系发育差，枝叶徒长，花芽分化少，质量差，落花落果严重。小枝易枯死，结果部位上移，树冠下部光秃。因此桃园应选在通风透光良好的地方，栽植密度要适宜，树形要合理，留枝量要适度。

四、土壤

桃树根系呼吸旺盛，需氧量多。据测定，土壤含氧量在 10%～15%时，根系生长正常；当含氧量降至 7%～10%时生长不良；5%以下时，根变褐，不能发生新根；2%时，细根开始死亡，新梢停止生长甚至落叶。所以桃树宜栽在土质疏松，排水良好的沙壤土或壤土地上。黏重土壤通气不良，易患流胶病、颈腐病等。桃在土壤的 pH 为 4.5～7.5 时生长正常，在碱性土壤中易患缺铁黄叶病。不同砧木耐碱力不同，其中山桃较耐碱，所以在 pH 稍高的北方多用山桃砧。桃较耐盐，土壤含盐量为 0.13% 时，对生长无不良影响，当盐的浓度达到 0.28% 时，生长不良或部分致死。

第三节　桃树栽培技术

一、促花措施

在桃树长到一定大小,仍未形成理想的花芽数量时,可采取一些促花技术,使其提早结果。桃幼树的促花应在其干径达 2 厘米以上时进行,常用的促花措施主要有以下几项。

1. 加强土肥水管理

从 7 月上旬开始,每 20 天左右土壤追肥一次,肥料种类以磷、钾肥为主,配合氮肥。此时应适当控水,如土壤墒情较好,一般不用浇水。雨季注意及时排涝,雨后结合除草经常进行中耕松土。

2. 根外追肥

每隔 10 天左右喷布一次叶面肥。如磷酸二氢钾、光合微肥、稀土多元复合肥、氨基酸复合微肥等,以增加树体营养,促进花芽分化。

3. 喷施 PBO 促控剂

自 7 月上中旬前后,当新梢的平均长度达 40～50 厘米时,开始喷布 100～150 倍的 PBO,以抑制营养生长,促使花芽形成。一般喷 2～3 次,每次间隔 15 天左右。具体应根据树体的长势确定,旺树可喷 2～3 次,较弱的树也可喷 1 次。喷后多数新梢停止生长即可。

4. 拉枝开角

拉枝是控旺促花的有效措施,拉枝后的开张角度,可掌握骨干枝为 50～60 度,辅养枝拉平(90 度左右),并向缺枝和空位处调拉。

5. 新梢摘心

对旺长新梢长到 30～40 厘米时，保留 20～30 厘米进行摘心，使新梢及时停止生长，以增加碳水化合物的积累，促进花芽形成。

6. 冬季轻剪

冬季修剪时，除延长枝短截外，应疏除过密枝、竞争枝和病虫枝，其余枝缓放，以缓和树势，促进成花。

二、保花保果

桃树多数品种结实率较高，但有的品种或有些年份也常出现较重的落花落果现象。

(一)落花落果的时期和原因

桃树的落花落果一般集中在三个时期，原因较为复杂。

第一个时期在花后 1～2 周内。主要原因是雌蕊退化，花粉粒生活力低，花器受冻或花受到病虫危害等，造成授粉受精不良而引起。

第二个时期在花后 3～4 周。当子房膨大至蚕豆大小时，因受精不完全，胚发育受阻，幼果缺乏胚供应的激素而脱落。另外，树体储藏营养不足或花果过多，营养消耗过度，也能引起落果。

第三个时期是在硬核期。一般在 5 月下旬至 6 月上旬，又称六月落果。引起这次落果的原因较多，主要有光照不足，营养不良，尤其氮素缺乏，胚中途停止发育；营养生长过旺，新梢与果实争夺养分和水分；硬核期水分过剩或亏缺等。

前两次都是连同花柄或果柄一起脱落，第三次落果是果柄和花托残留在树上,仅果实脱落。

(二)保花保果的措施

各桃园的具体情况不同,引起落花落果的原因各异,必须针对具体情况,采取相应的措施。

1. 加强肥水管理

通过加强果园肥水管理,提高树体营养水平,是提高坐果率的重要途径。如秋季早施基肥,提高树体的储藏营养。生长季及时追肥,随时补充树体营养的不足。硬核期控制适宜的土壤湿度,使土壤的相对湿度保持在60%左右,做到旱灌涝排,土壤湿度过大时,应及时划动松土散墒。

2. 防治病虫害

桃树的花期很容易受到蚜虫的危害,如果花期喷药或用药不当,就会引起大量落花落果。因此为防止花期受到蚜虫等的危害,可在芽萌动期喷布一遍杀虫剂,而且应禁止使用桃树敏感的乐果、氧化乐果等药剂。另外,在整个生长季,要加强对叶片病虫害的防治,保护好叶片,从而提高花芽质量和增加树体储藏营养水平,提高坐果率。

3. 合理整形修剪

首先要培养良好的树体结构,保持树冠通风透光;其次应注重生长季修剪,及时疏除过密枝,对旺长新梢进行摘心,拿枝等,调节好营养生长与生殖生长的关系。

4. 配置授粉树

对于无花粉或少花粉的品种必须合理配置授粉树。即使是有花粉的品种,适当配置授粉树也能提高坐果率。

5. 人工辅助授粉

桃虽然是自花结实率较高的树种,但在气候异常(如风沙、阴雨天气等)时和异花授粉的品种,人工辅助授粉能明显提高坐果率。常用的人工辅助授粉的方法有点授法和滚授法。

6. 花期放蜂

桃树花期既可以放蜜蜂,也可以放角额壁蜂。蜜蜂一般每公顷桃园放 3～5 箱。角额壁蜂每亩放蜂 130～150 头。

7. 合理负载

在冬季修剪时、花芽膨大期及花期,疏除过多的花芽和花,坐果后合理疏果,能有效地减少树体营养消耗,提高坐果率。

(三)桃奴的产生与防治

有些桃树品种,如五月鲜、六月白、深州水蜜等,在幼果长到鸡蛋黄大小时,就有一部分果实停止了膨大,直到成熟时,果实仍然很小,几乎是正常果的 $1/2～1/3$ 大小,群众把这类小果称为"桃奴"。桃奴果核薄,不坚硬,有种皮,无种仁或种仁很小,果实成熟晚,味甜,商品价值很低。

产生桃奴的原因比较复杂,但其主要原因是性细胞发育异常,造成授粉受精不良所致。如栽培的品种本身为无花粉、少花粉或自花不孕的品种,并且所配置的授粉树不足,影响授粉受精;花期气候不适宜,低温冻害使花粉败育;子房受伤,而不能正常授粉受精;花芽质量低劣,营养供应不足等均能使桃奴增多。

为减少桃奴,除了选择花粉量大,自花结实率高的品种和合理配置授粉树外,还要进行人工辅助授粉或花期放蜂;生长季加强树体综合管理,采取一切有利于花芽、花和幼果正常发育的措施,如增施有机肥、适量灌水、防止冻害、控制旺长等都是行之有效的。另外据试验,对旺树、旺枝进行摘心,可改变营养物质的分配,有利于果实的发育,对减少桃奴有明显的效果,并且摘心越重,效果越好。

三、疏花疏果

桃多数品种坐果率较高,为减少树体营养消耗,提高果实品质,保证丰产稳产,应严格疏花疏果。

(一)疏花疏果时期

疏花一般在花蕾期和花期进行,主要疏除个小、畸形和果枝基部的花及双花。保留果枝中、上部发育健壮的花和单花。预备枝上的花全部疏除。

疏果分 1~2 次进行,第一次在生理落果前的 4 月下旬至5 月上旬(已疏花的树也可不进行第一次疏果)。主要疏除果枝基部小果、畸形果、双果及过密果,疏除总疏果量的 60%~70%。第二次疏果也称定果,一般在 5 月下旬至 6 月上旬生理落果后进行。应先疏早熟品种、大果型品种及坐果率高的品种等。

(二)疏果的标准

定果应根据品种、树势、树龄及栽培管理条件等确定留果量。生产上常根据果枝类型确定,例如,树势健壮的大果型品种,长果枝留 2~3 个果,中果枝留 1~2 个果。每 2~4 个短果枝留 1 个果,每 5~8 个花束状果枝留 1 个果。树势偏弱时,可适当减少留果量。中、小型果的品种可适当增加留果量。也可根据叶果比确定留果量,一般为 30~40:1。目前生产中也有的根据间距法确定留果量,即大型果品种每隔 20~30 厘米留 1 个果;中、小型品种每隔 15~20 厘米留 1 个果。

四、果实套袋

桃果套袋不仅能防止病虫危害,减少裂果,使果皮细嫩,果面光洁,色泽艳丽,增进果实的外观品质,提高商品价值,而且能减轻农药污染,还可减少罐藏桃花青素含量,防止加工中变色。

目前生产上采用的纸袋有桃果专用单层袋和双层袋。单层袋内为黑色,双层袋内袋为白色,外袋内为黑色。总之,最好选择遮光性较好的纸袋,特别是果实底色较绿的品种,而对纸袋的纸质要求不太严格。纸袋的规格一般为 170×239 毫米。

套袋时间应在生理落果后,一般从 6 月上中旬开始,7 月上旬结束。套袋过早无效袋增多,浪费纸袋。套袋过晚,效果欠佳。套袋前先喷布一遍杀虫剂和杀菌剂,药液干后立即套袋。如果土壤干旱,套袋前 2～3 天还应灌一次透水,以调节果园小气候,防止果实日烧。一天中应选择 8：00～11：00 和 14：00～18：00 套袋,早晨露水未干时不能套袋,并要避开中午的高温期,以免果实发生日烧。

套袋时应先将袋体鼓起,使通气放水口张开,套住果实,使幼果在袋内悬空,再将袋口的开口处骑在果枝上,然后折叠袋口,并用扎丝绑住袋口的叠层。操作时不要将新梢及叶片套入袋内,袋口要扎严,以防病虫从袋口处侵入。

鲜食果一般于采收前 10～15 天除袋,以促进果实着色。为防止果实日烧,双层袋要先除去外层袋,3～5 天后再去内层袋。单层袋先开口通风,3～4 天后再摘下。如果土壤过干,摘袋前 2～3 天应灌一次小水,增加果实的蒸发量,降低果实体温,防止日灼。但水量不宜过大,否则易降低果实含糖量,影响果实品质,严重时还能造成裂果。罐藏用果实不用除袋,采收时连同纸袋一起摘下。

五、提高果实品质的途径

1. 选择适宜的园址

园地的自然条件与果实品质有很大关系。桃树属喜光性强的果树,而且抗旱不耐涝。因此,建园时应选择光照充足,地下水位低,通气性良好的壤土或沙壤土,有利于提高果实品质。

2. 选用优良品种

选栽优良的品种是提高果实品质的先决条件。当前,桃树新品种不断涌现,品种更新速度加快,品质差异较大。因此要根据市场需求,选用适销对路的优良品种。但是,一个优良的品种不可能在任何条件下都能充分发挥其优良性状,如山东肥城桃,只有在当地才能表现出其优良的品质,所以在选择品种时,既要考虑品种的优良性,又要考虑品种的适应性,结合当地的环境条件,科学地进行引种。对品种混杂和单一的老果园,应进行高接改良,优化品种结构。

3. 加强土、肥、水管理

重视深翻改土,改善土壤理化性状,提高土壤保肥保水能力。增施有机肥,尤其是绿肥,可促进果实着色,提高含糖量,改善糖酸比。追肥应注意氮、磷、钾配合使用,增施磷、钾肥可起到增色增甜的作用。氮肥能增大果个,提高产量,但使用量和使用时间必须根据树体需要和土壤肥力来确定,偏施或过多施用氮肥,会使果实风味变淡,色泽变差,糖分降低,病果增多,不耐储运。最后一次追肥必须在果实成熟采收前 30 天进行。禁止使用硝态氮肥。

在果实发育期应保持合理的土壤湿度,水分不足或过多对果实品质都有严重影响,水分供应不均,尤其是前期过干,后期水分过多,能引起裂果,特别是油桃。一年中应掌握"春灌,夏排,秋(果实成熟期)稍干"的水分管理原则。

4. 合理整形修剪

培养良好的树体结构,保持主从分明,使枝条分布合理,改善树冠内的通风透光条件,也是提高果实品质的重要措施。

5. 严格疏花疏果

保持适当的叶果比,改善果实生长的营养条件,既有利于增大果个,又有利于提高果实品质。

6. 及时防治病虫害

在防治病虫害中要做好预测预报，抓住有利时机，选用高效、低毒、低残留的农药，严格掌握用药量和用药次数，推广应用生物防治。果实成熟前停止使用农药，减少果实中的农药残留量，以生产无公害"绿色"果品。

7. 果实套袋

果实套袋可减少裂果，使果皮细嫩，果面光洁，色泽艳丽，增进果实的外观品质。但套袋能降低果实中可溶性固形物的含量，影响内在品质。因此生产中应根据具体情况灵活掌握。

8. 果实脱毛

普通桃果皮表面被有一层绒毛，既给采收、包装和消费带来许多不便，又一定程度地影响了果实的外观品质。在果实着色前喷布 1000～1500 倍的粉锈宁，不仅能防止桃树白粉病，也可脱除果实部分绒毛，增进果实着色，增加果面光洁度，改善果实外观品质。

9. 摘叶

采收前 7～10 天，摘除果实周围的遮光叶片，并尽量摘黄叶、病叶、小叶、薄叶、衰老叶等，以改善果实光照，增进果实着色，提高含糖量。

10. 喷布营养液

果实发育期喷布 2～3 次腐殖酸液肥、稀土微肥、光合微肥、生物微肥等营养液，均能增进果实着色，增加含糖量，提高果实品质。但最后一次喷布时间要距果实采收期 20 天以上。

11. 适时采收

桃的果实成熟期不一致，同一品种，同一棵树上的果实，要根据其成熟度，分期分批适时采收。采收过早，果个小，产量低，品质差。采收过晚，果实易软烂，不耐储运。

模块七 核桃的生产

核桃是我国北方栽培面积广、经济价值较高的木本油料果树。其种子具有较高的营养价值和良好的医疗保健作用,尤其是其中的亚油酸,对软化血管、降低血液胆固醇有明显作用。除此之外,核桃既是荒山造林、保持水土、美化环境的优良树种,也是我国传统的出口商品。

第一节 核桃品种

目前,我国各地有记载的核桃品种和类型有 500 余个,郗荣庭等按其来源、结实早晚、核壳厚薄和出仁率高低等,将其划分为两个种群、两大类型,结合 4 个品种群。按来源将核桃品种分为核桃和铁核桃(漾濞核桃)两大种群;每个种群再按开始结果早晚分为早实类型(栽后 2～3 年结果)和晚实类型(栽后8～10 年结果)两大类群。最后按核壳厚薄等经济性状将每个类群划分为纸皮核桃(核壳厚度 1 毫米以下)、薄壳核桃(壳厚1～1.5毫米)、中壳核桃(壳厚 1.5～2 毫米)和厚壳核桃(壳厚大于 2 毫米)4 个品种群。

一、薄丰

薄丰核桃是由河南省林业科学研究所从引进的新疆核桃实生树中选育而成的。树势较强,树姿半开张,分枝角 60 度左右,树冠圆头形,叶大深绿。雄先型,中熟品种。分枝力 1∶3.2,果枝率为 85%,每果枝平均坐果 1.73 个。丰产性强,高接树第 3 年平均挂果 3.6 千克,平均每平方米冠幅投影面积产仁 185 克。坚果中等大小,卵圆形,平均单果重 11.2 克。壳面光滑美观,壳厚 1.1 毫米,缝合线较紧,可取整仁,出仁率为 54.1%。仁色浅,味油香,品质上乘。该品种适应性强,耐旱,适于黄土高原丘陵区栽培。

二、绿波

绿波树势中强,树姿开张,分枝能力强,有 2 次枝,树冠为圆头形。高接在 8 年生砧木上,接后 4 年树高 5.8 米,干径 14.4 厘米,冠幅 4.2 米。2 年生树开始结果,枝条粗壮,母枝平均抽生新枝 2.4 个,果枝 2 个,果枝率为 86%。每果枝平均坐果 1.6 个,多为双果,属短枝型,连续结实力强。坚果卵圆形,果面有浅刻点,缝合线隆起但较窄,不易开裂。三径平均 3.6 厘米,单果重 12 克左右,壳皮厚 1.0 毫米左右,可取整仁或半仁。出仁率为 54%～58.4%,仁黄白色。河南禹县地区 3 月下旬至 4 月上旬发芽,4 月中旬雌花盛期,4 月下旬雄花散粉,属雌先型。8 月下旬至 9 月上旬果实成熟,10 月中旬落叶。该品种适宜土壤条件较好的地方栽植,适宜林、粮间作,梯田边栽种,也可进行早密丰产栽培。

三、金薄香 1 号

金薄香 1 号是山西省农业科学院果树研究所从新疆薄壳核桃中实生选育而成的。1 年生枝条呈绿褐色,2 年生枝条灰绿色,皮孔较稀,灰白色,形状不规则。叶呈浅绿色,无褶缩,叶脉明显,叶缘无锯齿。叶芽长圆形,着生于叶腋间;休眠芽着生于枝条中下部；雌花芽半圆形、饱满，着生于枝条顶端叶腋间；雄花芽呈长圆锥形、瘦小，着生于叶腋间。幼树生长较旺，树姿直立，芽具在早熟性，树冠中下部部分枝条能抽生 2 次枝。成龄树干性较弱，新梢年平均生长量为 33.3 厘米，短果枝约占 80％，中果枝约占 15％，长果枝约占 5％，全树结果部位比较均匀，结果枝以单果为主。在山核桃上嫁接后，嫁接苗在苗圃就能开花结果，第二年部分植株可结果，第 5 年进入初盛果期，连续结果能力强，丰产。果实长圆形，缝合线明显，纵径 4.50 厘米，横径 3.81 厘米，侧径 3.61 厘米，果形指数 1.18，平均单果重 15.2 克。壳厚 1.15 毫米，易取仁，出仁率为 60.5％。果仁乳黄色，单仁重 9.2 克；肉乳白，肉质细腻，香味浓，微涩，品质上等。在晋中地区 3 月下旬开始萌芽，4 月上旬开花、展叶，4 月中旬新梢开始生长，6 月中下旬为果实硬核期，9 月上旬果实成熟，10 月下旬开始落叶，全年生长期为 200～220 天。该品种对土壤适应性较强，耐旱、耐瘠薄，在平地、丘陵、山区均生长良好。抗寒性较强，冬季地面最低温度达 −25° 时仍能安全越冬。抗病虫害能力强。

四、中林 1 号

中林 1 号核桃坚果圆形，平均单果重 14 克。壳面有麻点，色较浅；缝合线宽而突起，结合紧密。易取整仁。核仁重 7.5 克，出仁率为 54％。核仁充实，饱满，色乳黄，风味优良。嫁接树第二年开始结果，5 年后进入盛果期。树势中等，树姿较直立，小枝粗壮，节间中等，适宜在年平均温度 10℃ 以上，生长期在 190 天以上的地区种植。发芽较早，雌先型。此品种适应性强，丰产性强，宜作仁用品种和授粉品种。

五、中林 5 号

中林 5 号核桃是中国林业科学院经济林研究所从早结实 9－11－15 和早结实 9－11－12 核桃人工杂交后代中选育而成的。坚果较小,圆形。平均单果重 9.2 克,壳面光滑美观,色浅;壳厚 0.87 毫米,缝合线窄而平,较紧,核仁充实,饱满,色乳黄,可取整仁,核仁重 7.8 克,出仁率为 60%,仁色浅,风味香,品质极优。树势较旺,分枝力 1:6.3,侧花芽比率为 99%,每果枝平均坐果 4.64 个。嫁接树第二年开始结果,4 年后进入盛果期。树势中等,树姿较开张,小枝粗壮,节间短。适宜在年平均温度 10℃以上,生长期 190 天以上的地区种植。发芽较早,雌先型,早熟品种。高接 3 年树每株产坚果 5.0 千克。该品种适应性强,抗性强,在肥水不足时坚果变小,但品质不变,抗病性强,适宜密植栽培。此品种早期丰产,很适宜在西部大部分地区发展。

六、晋龙 1 号

晋龙 1 号核桃是汾阳市林业局和山西省林业科学研究所从当地晚核桃群体中选育的优良品种,1978 年初选,1985 年决选,1990 年 5 月通过山西省科学技术委员会组织鉴定,1991 年定名晋龙 1 号。坚果较大,平均单果重 14.85 克,最大重 16.7 克,果壳色浅,壳面光滑,壳厚 1.09 毫米,缝合线紧,易取整仁,平均单仁重 9.1 克,最大 10.7 克,出仁率为 61.34%。仁色浅,风味香甜,品质上等,主要经济指标超过国家标准 GB 7907－87《核桃丰产与坚果品质》中坚果品质优级指标。树枝较开张,叶大而厚,分枝能力较强,枝条粗壮,高接大树母枝平均分枝 1.6 个,果枝率为 44.5%,果枝平均坐果 1.7 个,产仁量 0.21 千克/平方米,嫁接苗 2～3 年开始结果,8 年生树每株产量达 5.2 千克。

该品种抗寒、抗旱、抗病性强,适宜在晋中以南(海拔1100米以下)或外省区生态条件类似地区发展。繁殖容易,对栽培备件要求不严格,在土层肥厚、光照充足条件下,生长结实好,一般栽植密度为(6~8)米×(10~12)米。目前,该品种是山西主栽品种,也是汾州核桃的代表品种,可在黄土丘陵区大力推广。

七、晋龙 2 号

晋龙 2 号核桃坚果圆形。平均单果重 15.9 克。壳面光滑,色浅;缝合线窄而平,结合紧密,易取整仁。核仁重 9 克,出仁率为 56%。核仁充实,饱满,色乳黄,风味优良。嫁接树种第 3 年开始结果,8 年后进入盛果期。树势旺盛,树姿较开张,小枝粗壮,深褐色,节间长。宜在年平均温度 10℃以上,生长期 180 天以上的地区种植。发芽较晚,雄先型。该品种适应性强,抗霜冻,抗病性强,早期丰产,坚果品质优良,适宜在黄土地区栽培。

八、西扶 1 号

西扶 1 号核桃坚果中等偏小,平均单果重 10.31 克,最大重12.8 克,壳面较光滑,壳厚 1.09 毫米,缝合线紧,可取整仁,出仁率为 56.21%,仁色浅,风味香,品质上等。在通风、干燥、冷凉的地方(8℃以下)可储藏一年品质不下降。植株生长势强,树姿较直立,树冠圆头形,雄先型,晚熟品种,果枝短粗,坐果率高,栽培时应注意疏花疏果。抗寒、耐旱、较抗病。此品种适应性较强,特丰产,品质优良,适宜矮化密植栽培,可在我国北方地区适当发展。

九、香玲

香玲核桃是山东省果树研究所从新疆阿克苏 9 号和山东上

宋 5 号核桃人工杂交后代中选育而成的。坚果中等大,卵圆形,平均单果重 10.6 克,壳面光滑美观,壳厚 0.99 毫米,缝合线较松,可取整仁,出仁率为 60%～65%,仁色浅,风味香,品质极优。树势较旺,直立性强。分枝力 1:5.3,侧芽比率为 96%,每果枝平均坐果 1.1 个,雌先型,中熟品种。6 年生树每株产坚果 3.72 千克,高接 3 年树每株产坚果 5.60 千克。该品种抗病性强,很适宜在我国西部地区发展。

十、辽核 4 号

辽核 4 号核桃是辽宁省经济林研究所从新疆纸皮核桃和辽宁大麻核桃人工杂交后代中选育而成的。坚果中等大,圆形。平均单果重 12.5 克,壳面光滑美观,可取整仁,出仁率为 57%,仁色浅,风味好,品质极优。树势较旺,直立。分枝力 1:3,侧花芽比率为 79%,每果枝平均坐果 1.5 个。雄先型,晚熟品种。高接 3 年树每株产坚果 5.50 千克。该品种抗病性强,很适宜在我国西部干旱、干寒地区发展。

十一、纸皮 1 号

纸皮 1 号核桃原产地陕西。由陕西省核桃选优协作组在实生群体中选出。属晚实类。树势较强,树冠开张,主干明显。雄先型,坚果长圆形,缝合线平,壳面光滑。单果重 11.1 克,壳厚 0.86 毫米,可取整仁,仁皮黄白色,出仁率为 66.5%。味浓香,品质好。丰产稳产,适应性强。

十二、西林 2 号

西林 2 号核桃由原西北林学院从早实、薄壳、大果核桃实生后代中选育而成。属早实类。树势较旺,树冠开张,呈自然开心形,矮化树型,分枝力强。雌先型,早熟品种,侧花芽比率为88%,每果枝平均坐果数1.2个。坚果体积大,壳面光滑美观。单个仁重8.65克,出仁率为61%,核仁色泽浅色至中等色,风味好。该品种抗病性强。

十三、日本清香核桃

日本清香核桃由河南省林业技术推广站独家引进,经多年实验观察,与国内外其他核桃优良品种比较,该品种综合了早实核桃和晚实核桃的优点,克服了二者的不足,是优良商品核桃生产的理想品种,在我国核桃生产中具有良好的发展前景。该品种坚果较大,近圆锥形,大小均匀,壳皮光滑淡褐色,外形美观,平均单果重16.7克;缝合线紧密,内褶壁退化,易取整仁,出仁率55%以上;种仁饱满,颜色乳白,风味香甜,绝无涩味,黑仁率极低。生长旺盛,树势强健,极抗早衰,经济寿命长,一朝栽树几代人受益。嫁接苗栽后第二年即见果,5~6年进入盛果期,产仁330克/平方米,每667平方米产坚果500千克左右。具有侧芽结果能力,双果率高,连续结果能力强,极为丰产。病果率在10%以内,开花晚,抗晚霜,抗旱,耐瘠薄,可上山下滩,适应性较强,在我国华北、西北、东北南部及西南部分地区可大面积发展。

第二节　核桃树的栽培环境

一、温度

核桃是喜温果树。普通核桃适宜生长的年平均温度为9~16℃。休眠期温度低于-20℃时幼树即有冻害,低于-26℃时大树部分花芽、叶芽受冻,低于-29℃枝条产生冻害。铁核桃只适应亚热带气候,耐湿热,不耐寒冷。

二、湿度

一般年降水量为 600～800 毫米且分布均匀的地区基本可满足核桃生长发育的需要。核桃对空气湿度适应性强,但对土壤水分较敏感。一般土壤含水量为田间最大持水量的 60%～80%时比较适合于核桃的生长发育,当土壤含水量低于田间持水量的 60%时(或土壤绝对含水量低于 8%～12%)核桃的生长发育就会受到影响,造成落花落果,叶片枯萎。

三、光照

核桃属喜光树种。最适宜光照度为 60000 勒克斯,结果期要求全年日照在 2000 小时以上,低于 1000 小时则核壳核仁发育不良。特别是雌花开花期,光照条件良好,可明显提高坐果率,若遇低雨低温天气,极易造成大量落花落果。

四、土壤

核桃要求土质疏松、土层深厚、排水良好的土壤。在含钙的微碱性土壤上生长良好,适宜 pH6.5～7.5,土壤含盐量应在0.25%以下,稍微超过即会影响生长结实。

第三节 核桃栽培技术

一、育苗

采用嫁接法育苗。核桃枝条粗壮弯曲,髓心大,叶痕突出,取芽困难,又含有较多的单宁,还具有伤流特点,因此嫁接成活率较低。生产上可通过提高砧穗生理机能、增大砧穗接触面、加快操作速度以及砧木放水等综合措施提高嫁接成活率。下面以插皮舌接为例说明嫁接技术要求。

(一)砧穗选择与处理

枝接接穗应在发芽前20～30天采自采穗圃或优良品种树冠外围中上部。要求枝条充实，髓心小，芽体饱满，无病虫害。将接穗剪口蜡封后分品种捆好，随即埋到背阴处5℃以下的地沟内保存。嫁接前2～3天放在常温下催醒，使其萌动离皮。在嫁接前2～3天将砧木剪断，使伤流流出，或在嫁接部位下用刀切1～2个深达木质部的放水口，截断伤流上升。且在嫁接前后各20天内不要灌水。

(二)嫁接的时期和方法

核桃嫁接时期以砧木萌芽后至展叶期为宜。要求接穗长约15厘米，带有2～3个饱满芽。先用嫁接刀将接穗下部削成长4～6厘米的马耳形斜面，然后选砧木光滑部位，按照接穗削面的形状轻轻削去粗皮，露出嫩皮，削面大小略大于接穗削面，把接穗削面下端皮层用手捏开，将接穗木质部插入砧木的韧皮部与木质部之间，使接穗的皮层紧贴在砧木的嫩皮上，插至微露削面，用麻皮或嫁接绳扎紧砧木接口部位。为提高嫁接成活率，要特别重视嫁接后的接穗保湿，用塑料薄膜(地膜)缠严接口和接穗，或用蜡封接穗，接后套塑膜筒袋并填充保湿物等(图7-1)。

(三)接后管理

核桃嫁接后应随时除去砧木上的萌蘖，如无成活接穗，应留下1～2个位置合适的萌蘖，以备补接。枝接的其他技术可具体参照育苗技术。此外，采用芽接时可在嫁接部位以上留1～2个复叶剪砧，待接芽萌发新梢长出4～5个复叶时解绑剪砧。

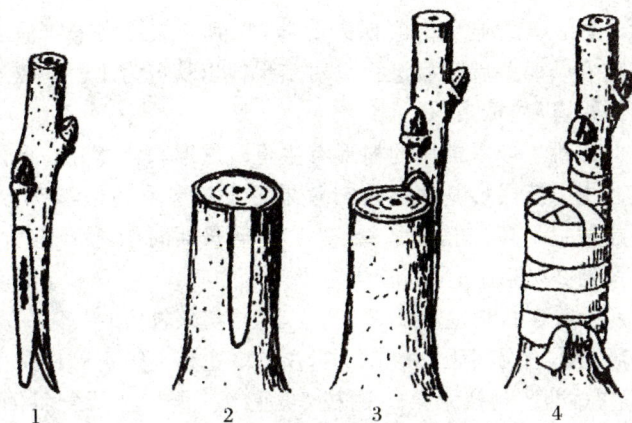

图 7-1　核桃插皮舌接

1. 削斜面 2. 去粗皮 3. 舌接 4. 扎口

二、建园

园址选择背风的山丘缓坡地及平地。土壤以保水、透气良好的壤土和沙壤土为宜，土层厚 1 米以上，未种植过杨树、柳树和槐树的地方。为保证授粉良好，应选择 2～3 个品种，能够互相授粉。或者专门配置授粉品种，主栽品种与授粉品种比例是8:1 以上。具体栽植方式有园片式、间作式栽培和零星栽植。一般多用间作式栽培，商品生产基地要求大面积连片栽植。在土层深厚、肥力较高条件下，可采用 6×8 米或 8×9 米的株行距；实行粮果间作核桃园，一般株行距为 6×12 米或 7×14 米；早实核桃可采用 3×5 米或 5×6 米的株行距，也可采用 3×3 米或 4×4 米密植，当树冠郁闭光照不良时，间伐成 6×6 米和 8×8 米。可春栽或秋栽，北方冷凉地区以春栽为宜。

三、整形修剪

核桃在休眠期修剪有伤流，其伤流期一般在 10 月底至翌年展叶时为止。为避免伤流损失营养,修剪应在果实采收后至落叶前或春季萌芽展叶后进行。对结果树以秋剪为主。幼树则可春剪为主,以防抽条。

在核桃生产中常用的树形有主干疏层形和自然开心形两种类型。主干疏层形基本结构与苹果主干疏层形相似,晚实或直立型品种主干高一般为 1.2～1.5 米,若长期间作,行距较大,主干可留到 2 米以上;早实核桃主干一般为 0.8～1.2 米。第一二层层间距晚实核桃应留 1.2～2.0 米,早实核桃留 0.8～1.5 米。第二层与第三层间距一般在 1 米左右。主枝上第 1 侧枝距中干 1 米左右,第 2 侧枝距第 1 侧枝 50 厘米。侧枝选留背斜侧,不选背后枝。此树形适于稀植大冠晚实类型品种、间作栽培方式、土层深厚及土质肥沃的条件。自然开心形一般无中心干,干高多在 1 米左右,主枝 3～4 个,轮生于主干上,不分层,主枝间距 30 厘米左右。该树形适合于土层薄、肥水条件差的晚实核桃和树冠开张、干性较弱的早实核桃。而在密植核桃园可采用小冠疏层形,其树高一般控制在 4.5 米以下。

(一)幼树整形修剪

主干疏层形定干高度,晚实核桃为 1.2～1.5 米,早实核桃为 1.0～1.2 米。对主干疏层形,树形培养分四步完成。①在定干当年或第二年,在定干高度以上选留 3 个不同方向的健壮枝条作为第一层主枝,层内主枝间距 20～40 厘米。第一层主枝选留完毕后,除保留中干外,其余枝条除去。②选留 2 个壮枝作为第二层主枝。同时在第一层主枝上选留侧枝,各主枝间的侧枝方向要相互错开,避免重叠、交叉。③早实核桃在 5～6 年时,晚实核桃在 6～7 年时,继续培养第一二层主枝的侧枝。④继续培养一二层侧枝,选留第三层主枝 1～2 个,第二层与第三层间距为 1.0 米左右。幼树修剪的主要任务是短截发育枝,处理背下枝和徒长枝,控制和利用二次枝。发育枝采用中短截或轻短截。除主、侧枝延长枝外,还应短截侧枝上着生的旺盛发育枝,短截量一般占总枝量的 1/3;背下枝应区分情况及时控制和处理,一层主侧枝的背下枝全部疏除,二层以上主侧枝的背下枝,可用来换头开张角度,有空间的控制利用结果,过密的则疏除。徒长枝可从基部疏除。在空间允许的前提下可采用夏季摘心或先短截后缓放,将其培养成结果枝组。早实核桃过多造成郁闭者,应及早疏除。如生长充实健壮并有空间时,可去弱留强,夏季摘心后,培养成结果枝组。

(二)结果树修剪

结果初期树修剪的主要任务是继续培养主、侧枝和结果枝组,充分利用辅养枝早期结果,尽量扩大结果部位。采取先放后缩,去强留弱等方法培养结果枝组,使大小枝组在树冠内均匀分布,保证良好的光照。对已经影响主、侧枝生长的辅养枝,逐年缩剪,给主侧枝让路。对背下枝多年延伸而成的下垂枝,应及时回缩改造成枝组,或及时疏除。疏大枝时,锯口要留小枝。

进入盛果期(一般核桃要在 15 年,早实核桃 6 年左右),修剪的重点是维持树体结构,防止光照条件恶化,调整生长结果关系,控制大小年。采取落头开心,打开上层光照。回缩下垂骨干枝,疏除过密外围枝和内膛枝条。注重枝组复壮更新,小枝组去弱留强,去老留新;中型枝组及时回缩更新,使其内部交替结果,维持结果能力;大型枝组控制其高度和长度,对已无延长能力或下部枝条过弱的大型枝组,应及时回缩。

(三)衰老树更新复壮

衰老树更新复壮分小更新和大更新。小更新一般从大枝中上部分枝处回缩,复壮下部枝条。小更新几次后,树势进一步衰弱,再进行大更新。大更新是在大枝的中下部有分枝处进行回缩,促发新枝,重新形成树冠。

四、土、肥、水管理

核桃园进行深耕压绿或压入有机肥是提早幼树结果和大树

丰产的有效措施,深耕时期在春、夏、秋三季均可进行,春季于萌芽前进行,夏秋两季在雨后进行,并结合施肥和将杂草埋入土内。从定植穴处逐年向外进行深耕,深度为 60～80 厘米,注意防止损伤直径 1 厘米以上的粗根。在春季萌芽前追施速效性氮、磷肥。施肥量占全年追肥量的 50%。每 667 平方米施碳酸氢铵 100 千克或尿素 35 千克。追肥后立即灌水,地表稍干时中耕浅锄。秋季未施基肥的,结合扩穴深翻施入基肥。开花前每株追施腐熟人粪尿 40～50 千克,碳酸氢铵 2.5 千克,采用环状沟或放射沟施肥法,沟深 30～50 厘米,施肥后灌水,墒情好时可不灌水。坡地、旱地宜采用"穴贮肥水腹膜保墒"施肥技术。进入硬核期施用肥料种类以磷、钾肥为主。对结果树每株施草木灰 2～3 千克,或过磷酸钙 1 千克,硫酸钾 0.5 千克,或果树专用肥 1.0～1.5 千克,同时叶面喷布 0.3%磷酸二氢钾。果实采收后每 667 平方米施充分腐熟的有机肥 4000～5000 千克,过磷酸钙 75 千克,碳酸氢铵 25 千克,采用穴状施肥或环状施肥,同时进行灌水。落叶后越冬前灌封冬水。地下水位过高,容易积水的地区应注意排水。

五、花果管理

萌芽前 15～20 天,疏除树上 90%～95%的雄花芽,以减少养分和水分消耗,提高坐果率。开花期去雄花,人工辅助授粉。去雄花最佳时期在雄花芽开始膨大时。疏除雄花序之后,雌花序与雄花数之比在 1:(30～60)。但雄花芽很少的植株和刚结果的幼树,最好不疏雄花。人工辅助授粉花粉采集在雄花序即将散粉时(基部小花刚开始散粉)进行。授粉最佳时期是雌花柱头开裂并呈八字形,柱头分泌大量黏液且有光泽时最好。具体方法是先用淀粉或滑石粉将花粉稀释成 10～15 倍,然后置于双层纱布袋内,封严袋口并拴在竹竿上,在树冠上方轻轻抖动即可。或将花粉与面粉以 1:10 的比例配制后用喷雾器授粉或配成 5000 倍液后喷洒。具体时间以无露水的晴天最好,一般上午 9：00～11：00 时,15：00～17：00 时效果最好。进入盛花期喷 0.4％硼砂或 30 毫克/升赤霉素,可显著提高坐果率。为提高果实品质,坐果后可进行疏果。

六、病虫害防治

核桃病虫害主要有黑斑病、溃疡病、腐烂病、举肢蛾、云斑天牛等。具体防治措施是冬季休眠期挖出或摘除虫茧、幼虫,刮除越冬卵。清除园内落叶、病枝、病果,以减少菌源。萌芽前用生石灰 0.25 千克,水 18 千克,方法是先将生石灰化开,加入食盐和豆面,然后搅拌均匀,涂于小幼树全部和大树的 1.2 米以下的主干上。萌芽开花期以防治核桃天牛、黑斑病、炭疽病与云斑天牛为重点,喷 1：0.5：200 波尔多液,0.3～0.5°Bé(波美度)石硫合剂,用毒膏堵虫孔,剪除病虫枝,人工摘除虫叶,并捕捉枝干害虫;喷 50％辛硫磷乳油 1000～2000 倍液,20％甲氰菊酯1500 倍液,10％氯氰菊酯乳油 1500 倍液等杀虫剂防治害虫。4 月上旬刨树盘,喷洒 25％辛硫磷微胶囊水悬乳剂 200～300 倍液,或用 50％辛硫磷 25 克,拌土 5～7.5 千克,均匀撒施在树盘上,用以杀死刚复苏的核桃举肢蛾越冬幼虫。果实发育期以防治黑斑病、炭疽病与举肢蛾为重点。在 5 月下旬至 6 月上旬,采用黑光灯诱杀或人工捕捉木尺蠖、云斑天牛。6 月上旬用 50％辛硫磷乳油 1500 倍液在树冠下均匀喷雾,以杀死核桃举肢蛾羽化成虫;7、8 月硬核开始后按 10～15 天间隔喷辛硫磷等常用杀虫剂 2～3 次。发现被害果后及时击落,拾虫果、病果深埋或焚烧;8 月中下旬,在主干上绑草把,树下堆集石块瓦片,诱集越冬害虫,集中捕杀。每隔 20 天喷一次波尔多液,以保护叶片。果实成熟期结合修剪剪除病虫枝,以消灭病源,喷杀虫剂防治虫害。在落叶休眠期清扫落叶、落果并销毁,进行果园深翻,以消灭越冬病虫源。

七、适时采收与加工

核桃应在果皮由绿变黄绿或浅黄色,部分青皮顶部出现裂纹,青果皮容易剥离,有以上现象的果实已显成熟时采收。采收方法分人工采收和机械采收两种。人工采收是在核桃成熟时,用长杆击落果实。采收时应由上而下、由内而外顺枝进行。此法适合于零星栽植。发达国家多采用机械采收。具体做法是在采摘前 10~20 天,向树上喷洒 500~2000 毫克/千克的乙烯利催熟,然后用机械振落果实,一次采收完毕。此法省工、效率高,但易早期落叶而削弱树势。果实从树上采下后,应尽快放在阴凉通风处,不应在阳光下暴晒。采收后要及时进行脱青皮、漂白处理。脱青皮多采用堆积法,将采收的核桃果实堆积在阴凉处或室内,厚 50 厘米左右,上面盖上湿麻袋或厚 10 厘米的干草、树叶,保持堆内温湿度、促进后熟。一般经过 3~5 天青皮即可离壳,切忌堆积时间过长。为加快脱皮进程也可先用 3000~5000 毫克/千克乙烯利溶液浸蘸 30 秒再堆积。脱皮后的坚果表面常残存有烂皮等杂物,应及时用清水冲洗 3~5 次,使之干净。为提高坚果外观品质,可进行漂白。常用漂白剂是:漂白粉 1 千克+水(6~8)千克或次氯酸钠 1 千克+水 30 千克。时间 10 分钟左右,当核壳由青红转黄白时,立即捞出用清水冲洗两次即可晾晒。

模块八　荔枝的生产

第一节　荔枝品种

一、早熟型

早熟型的荔枝有三月红、白蜡、冰糖荔、水东黑叶等。

二、中熟型

中熟型的荔枝有禾荔、黑叶、钦州红荔、糯米荔大造等。

三、迟熟型

迟熟型的荔枝有灵山香荔、桂味、糯米糍等。

第二节　荔枝生物学特性

一、根系生长

荔枝由主根、侧根、须根及根毛组成。荔枝根系与真菌共生,形成内生菌根。

荔枝根系在适宜的条件下可周年生长。根系全年有三次生长高峰期:第一次是盛花后至夏梢萌发前,对生理落果有较大影响;第二次生长高峰在 7～8 月,这时果实已采收,适合根系生长,对培养壮健的秋梢起着重要作用;第三次生长高峰在 9～10 月,此时秋梢正生长或老熟。个别年份 11 月气温高,雨水充足,每次根系生长来一次高峰后,接着便是地上部的枝叶生长高峰期,栽培上常通过促根促梢生长,断根抑新(冬)梢。

二、枝梢生长

荔枝为常绿乔木,多年生,树高为 5～20 米。主干直立粗壮,分枝多,形成圆头或半圆头树冠;树皮光滑,灰褐或黑褐色,纹理密致,呈棕红色,颜色深浅因品种、树龄不同而异。

荔枝的新梢多从枝梢的顶端及其下 2～3 个芽抽出,一年中新梢抽生的次数,因树龄、树势、品种和外界条件而定。未结果的幼年树一年可抽生 5～7 次梢,一般春梢抽 1 次(2～4 月),夏梢抽 1～2 次(5～7 月),秋梢抽 2～3 次(7～10 月),冬梢抽一次(11～12 月);中年树在肥水充足条件下,可抽新梢 3～5 次;老年树一般在采果后抽 1～2 次新梢,每次新梢从抽出至成熟一般需 35～70 天。荔枝抽生枝条和开花结果的关系:荔枝的结果树,春梢、夏梢的抽生影响花质,引起落果;冬梢的萌发不利于花芽分化,导致无花无果;秋梢是结果母枝,应尽量培育其粗壮,而春、夏、冬梢则应采取农业和化学调控技术加以控制或杀死。在枝条修剪上,应剪除阴枝、弱枝、病虫枝,以有利于秋梢抽出和生长壮健为标准。

三、花的生长

荔枝的花顶生或侧生聚伞状圆锥花序,花序大多数由上年生秋梢顶芽及靠近顶芽的几个腋芽抽出。花序长 15～20 厘米,每花序的花数一般为 300～400 朵。荔枝小花淡黄绿色,无花瓣,花盘上有蜜腺能分泌蜜糖,吸引昆虫传粉,包括4种类型:雌花、雄花、两性花和变态花,其中只有雌花能正常结果。在同一花序中往往出现雌雄异熟现象,造成坐果率较低。

四、果实

荔枝果实由果柄、果蒂、果皮、果肉(假种皮)及种子等五部分组成。果实发育成熟分三个阶段,即胚、果皮和种皮发育阶段,子叶迅速生长阶段,果肉迅速生长和果实成熟阶段。

五、荔枝树对环境条件的要求

荔枝栽培适宜在年平均温度18～20℃的地区,一月平均温度10～17℃,绝对温度-2℃以上为宜。年降水量在1200毫米以上,花期、小果期少雨。荔枝生长旺盛期和采果前,应无风害。

对山地红、黄壤,平地沙壤,黏土和冲积土适应性较强。

第三节　荔枝栽培技术

一、育苗技术

荔枝育苗一般采用空中压条和嫁接方法。嫁接一般选用当地酸荔枝作糯米糍、妃子笑、大红袍的砧木。在4～5月进行嫁接。嫁接速度是影响嫁接成活率的主要因素。

二、建园栽植

(一)园地选择

一般选择土层深厚疏松肥沃的山坞谷地及山地建园。

(二)种植时期

一般选择春植(2~5月)和秋植(9~10月)。首先,以选择在春季进行为佳,因为此时气温逐渐回升,雨水充足,日照又不太强,有利于苗木发根萌芽,成活率较高。其次是秋植,此时雨水少,气候干燥,必须注意淋水。

(三)定植密度

定植规格可依据园地环境条件、栽培管理水平确定,一般株行距(4~5)×(5~6)米;每亩[①]栽22~55株,同时配置授粉树。

(四)开大穴、改土

在定植前两个月左右挖好深宽各0.8~1米的定植穴,穴底填入绿肥或草皮20千克、厩肥30千克、过磷酸钙1千克及石灰0.5千克混合堆沤,使之在定植前腐解沉实。

(五)栽植后的管理

(1)保持土壤湿润,在定植一个月内,晴旱天气要经常淋水,一般3~7天淋一次。雨多时要注意排除树盘积水,特别要注意因穴土下沉而造成的植穴内积水。

(2)在风大的地方宜用竹子或树枝支撑果苗,以防风吹摇动伤根而影响成活。

(3)植后30天,可检查植株成活情况,未成活的及时补种。

三、幼龄树的管理

(一)土壤管理

山地果园一般土质较瘦瘠,从植后的第二年起要逐年深翻改土。方法是沿原植穴外围开环状沟或长方形沟,沟深为50~

---

① 1亩≈666.7平方米。

60 厘米,用绿肥或猪牛粪等农家肥与土壤混合,分层压埋于沟中,并适当撒施石灰中和土壤酸性。平地果园还可采用逐年客土或培土的方法,加厚土层,施入腐熟有机质肥料,改良土壤。

(二)肥水管理

定植后一个月即可施肥,以水肥为主,勤施薄施。一般分2~3次施肥,即在枝梢顶芽萌动时、新叶由红转绿时和新梢转绿后各施一次。第一次可淋施 10%~30% 腐熟麸水,或 1%~2%的复合肥加 0.5% 尿素,对水淋施,每株浇 3~5 千克。以后在雨后每株撒施复合肥 20~25 克,尿素10~20 克。

(三)树体管理

幼龄树修剪以轻剪为主,多采用短截、摘心、疏梢、拉枝等方法,要求培养主干高 30~50 厘米,树冠矮生,有 3~4 条主枝的矮生、主枝和侧枝紧凑并向四周均匀分布的半圆头形树冠。修剪可在每次新梢萌发前进行,轻微剪去交叉枝、过密枝和弱小的枝条,并结合采用拉枝、吊枝、撑开等方法调整分枝角度。

(四)防虫保梢护梢

为害新梢的主要病虫有卷叶虫、尺蠖、金龟子、蒂蛀虫、瘿蚊、蓟马等,要勤检查,及时防治,喷药防治病虫时可结合根外追肥促梢、壮梢。

四、结果树的管理

(一)土壤管理

(1)中耕除草。每年中耕除草 2~3 次。第一次在采果前或采果后结合施肥进行,可促发新梢、加速树势恢复,宜浅耕约10~15 厘米。第二次在秋梢老熟后进行,深可15~20 厘米,以切断部分吸收根、减少根群吸水能力、利于抑制冬梢萌发。第三次在开花前约一个月进行,宜浅,深约 10 厘米。可疏松土层,促进根系的生长和吸收。

(2)培土客土。在秋、冬季结合清园进行。于树冠下土面培泥,厚 6～10 厘米。切忌堆积过厚,以防生根和土层积水缺氧伤根。

(3)深翻改土。于树冠外围土层挖沟,深 0～70 厘米,分层压入杂草、绿肥、垃圾,以改善土壤理化性状,促进根群生长。

(二)灌溉

水分是荔枝生长发育过程中必不可少的,在抽梢的时候,施肥往往要结合灌溉,以促进根系的吸收。但在控梢的季节,不仅要控制水分的供应,而且还要通过翻土来达到制水的目的,因为控制水分的供应,可以使枝梢生长缓慢或停止,以利于花芽分化。在 1～2 月份,花芽形态分化期,若遇干旱,要灌水促花芽抽出。

(三)修剪清园

(1)修剪。采果时要一果两剪,先把果穗连同结果枝基部、甚至结果母枝下面的枝梢基部一起剪下,然后才剪下果穗。果穗下面的枝梢回缩多长,取决于结果母枝枝梢生长的好坏,生长好的回缩短些,生长差的回缩长些。采果施肥后立即进行修剪,剪去病虫枝、荫蔽枝、交叉枝、重叠枝、回缩衰退枝。修剪后,荔枝留枝梢 20～25 条为宜。

(2)清园。修剪后在树冠滴水线下挖两个长 1 米,深、宽各 30～40 厘米的坑,把修剪下来的枝叶和园内杂草埋入坑底,然后撒石灰 0.5 千克,上层用猪粪 5～10 千克、生物有机肥 3～5 千克、钙镁磷肥 0.5～1 千克拌表土将坑填至高出地面 10～15 厘米,最后在地面撒石灰粉消毒。

(3)杀虫。全园全面喷一次农药防治病虫害。可用25%杀虫双500倍,加64%杀毒矾600倍,也可用40%乐斯本1000倍或农地乐1000~1500倍,加90%乙膦铝500倍。

(4)衰弱树更新。视衰退程度进行回缩修剪。衰退程度轻的剪除衰弱枝,平施肥料;衰退程度重的要回缩到较大的侧枝甚至主枝,同时进行根系更新,重施有机肥。

(四)秋梢管理

(1)采果前施肥。约在采果前7~10天施下,作用是采果后加快恢复树势、促发秋梢、培养壮健结果母枝、奠定翌年丰产基础,此期以氮为主,磷、钾配合,氮施用量约占全年施肥量为45%~55%,磷、钾占30%~40%。应重视有机肥的使用,在秋季采果后和冬末春初施入。荔枝以土壤施肥为主,并根据各物候期的实际需要,辅以叶面喷肥。如用0.3%~0.4%尿素,0.3%~0.4%磷酸二氢钾,0.03%~0.05%复合型核苷酸,0.05%~0.1%硼酸,0.02%~0.05%硼砂,0.3%~0.5%硫酸镁。

(2)适时放梢。健壮的秋梢是荔枝龙、眼优良结果的母枝。通过科学的肥水管理,合理留果,修剪疏芽等综合措施,培养健壮的结果母枝。严格掌握放梢时间,使结果母枝能适时抽出,适时老熟,正常进入花芽分化。要根据不同品种、树龄、树势、挂果量、管理水平和气候特点,灵活安排采后留梢时间及次数。一般适龄树留梢二次,以秋梢作结果母枝;壮龄树留一次秋梢。在广西壮族自治区较适宜的荔枝结果母枝抽生时间是:早熟品种黑叶、香荔、糯米荔、桂味在9月中下旬;妃子笑和迟熟品种禾荔在9月下旬至10月上旬。

(3)及时防治病虫害。荔枝秋季病虫害较多,主要有椿象、交纹细蛾、卷叶蛾、瘦螨(毛毡病)、瘿蚊、天牛、金龟子等。要根据气候情况和病虫害发生发展规律,适时合理用药,以后隔 7～10 天喷一次,每梢喷药 2～4 次。药剂可选用 52.25％农地乐 1000～1500 倍,48％乐斯本 1000 倍。

(五)控冬梢促花技术

常用的控梢促花技术除上述培养适时健壮的秋梢外,还可采取断根、环割、环剥、使用化学调控技术等方法。

(1)断根。在末次梢充分老熟后,结合施基肥,在树冠滴水线外挖浅沟压绿或施入有机肥,如果树势较旺,估计可能抽出冬梢的,可在整个树盘翻土锄断细根。

(2)环割。多用于青壮年树,一般在 11～12 月份进行,最好在直径 6～10 厘米的大枝上环割,不要割树干,同时要注意掌握环割的深度,以刚达到木质部为准。

(3)螺旋形环剥。对壮旺幼年结果树,可以使用螺旋形环剥。在末次梢老熟时可使用剥口宽 0.2～0.3 厘米的环剥刀环剥 1～1.5 圈,深度以刚达到木质部为准,环剥部位从离地面 25 厘米以上 8～10 厘米粗的主干、主枝或分枝上进行。

(4)使用化学调控技术。使用化学药剂进行控梢促花,目前生产上采用的"荔枝专用促花剂"和"花果灵"等荔枝生长调节剂,经过多年、多地区大面积使用,对提高荔枝花的质量,缩短花穗,提高雌花雄花的比例,提高坐果率和产量,均取得较显著效果。

(六)壮花保花技术

(1)施壮花肥。壮花肥一般在花穗抽出见到花蕾时施用(又称见花施肥)。施肥量视成花量及树势而定,一般每结果 50 千克的树面,施复合肥 1 千克加尿素 0.2～0.5 千克,或施尿素、过磷酸钙、氯化钾各 0.5 千克。另外,在开花前 20 天左右叶面喷施 0.3％的磷酸二氢钾,或绿旺 1 号(高钾)1000 倍加 0.05％的硼砂,可促进花穗发育。

(2)合理控穗。生产实践表明,一般抽生早的花穗以及过长的花穗花质差,雌花比例少,坐果率低,特别是花穗大的品种(如妃子笑),要合理调节和控制花量,以提高坐果率。具体方法有两种,即人工短截和药物控制花穗。①人工短截花穗。短截花穗可减少花量,提高花质。花穗短截的轻重要视品种而定,对花穗再生能力强、易抽二次花穗的品种如妃子笑、三月红可重些。②用于控穗的药物有荔枝丰产素、乙烯利等控制花穗。

(3)防治病虫害。为害荔枝花穗的主要病虫害有荔枝椿象、荔枝瘿螨、尺蠖、蚜虫及荔枝霜疫霉病。可用乐斯本、克螨特、吡虫啉、灭百可、蚜力克和瑞毒霉锰锌、杀毒矾、大生 M-45、甲霜灵等药物防治。

(七)开花期管理

(1)放蜂授粉。一般要求每 3～5 亩放一箱蜂。

(2)人工补助授粉。常用的人工辅助授粉的方法,是用湿毛巾在刚开放的雄花花穗上来回轻轻摇动,收集花粉,然后将毛巾置于清水中,反复多次,使花粉悬浮液呈淡黄色的混浊液,即喷洒到雌花上。人工授粉注意事项:一是应选择气温在 16℃以上的晴天进行;二是配制的花粉液放置时间不能超过 20 分钟,否则花粉失去活力,影响授粉效果。

(八)保果技术

(1)施壮果肥。花谢花后 10～15 天施壮果肥,作用是及时补充开花时的消耗,保证果实生长发育所需养分,减少第二次生理落果,促进果实增大,并避免树体养分的过度消耗,为秋梢萌发打下良好基础。此次以钾肥为主,氮、磷配合,钾肥约占全年施肥量的 40%～50%,氮、磷占 30%～40%。要注意根外追肥。

(2)环割。对生长壮旺的树进行,雌花谢花后 10～15 天开始割,在 4～6 厘米粗的大枝上进行,割一圈,深至木质部。弱树不割。

(3)应用植物生长调节剂。在果实绿豆大时用 20 毫克/升赤霉素保果。

(4)加强水分管理。干旱时要灌水,高温、日照强时,要对树冠喷水,雨多积水时要及时排水。

(5)及时防治病虫害。荔枝果实发育期主要病害有荔枝霜疫霉病、荔枝煤烟病、荔枝炭疽病,主要虫害有荔枝蒂蛀虫、荔枝椿象、荔枝小灰蝶等。

五、果实采收与储藏

(一)果实采收

(1)采收期的确定。用于储藏的荔枝,采收成熟度应以八成熟为佳,此时的荔枝果皮基本转红,龟裂纹带嫩绿色或黄绿色,内果皮仍为白色,但荔枝品种可在近蒂处的内果皮有转红迹象时采收。荔枝八成熟时,果实内含物已基本接近最高值,糖酸比为 70:1 左右,风味基本形成,在储藏过程中能够继续后熟,达到最佳风味。成熟度高的荔枝,不适于储藏。

(2)采收方法。荔枝最好在清晨日出或阴天时采收。中午、下午气温高,采后易使果皮失水而变色。雨天或雨后采的果实易产生裂果,不利储藏。采摘时提倡短枝采果,不要损坏果穗以下的枝叶,保留果穗基部下方 2～3 个芽。带枝整簇荔枝的储藏保色效果比不带枝的单果好。采收要轻摘、轻拿、轻放,避免内外伤。采下的果实应在树下就地分级,剔除烂果、裂果及其他被病虫为害的果实。

（二）预冷与包装

（1）预冷。预冷是延长荔枝储藏寿命的关键措施之一。为防褐变和腐烂，采后须尽快降低果温，排除田间热，可延长保鲜期。一般可采用冰水药液（即用冰水配药）浸果，既防腐保鲜又预冷。药液配方同常温保鲜。冰水药液温度 5 ℃左右，浸果 5～10 分钟，果温可降到 10℃左右，处理过程中每隔半小时左右要补加碎冰和药剂，以保持低温和药剂浓度。处理后迅速运进 1～4℃冷库，进一步预冷，并进行去梗或扎果束包装。

（2）包装。荔枝果实的包装主要有纸箱、塑料箱或内衬有多层纸的竹篓包装，每件重 15 千克左右，以便于装卸和轻拿轻放。从采收到入库所花时间愈短其储藏寿命愈长，愈能保证质量。短时间的低温环境有利于延长储藏时间。

模块九　香蕉的生产

第一节　香蕉品种

一、栽培蕉的种类和品种

(一)香蕉类

香蕉类的品种:广西矮香蕉、威廉斯、巴西 2 号、东莞中把、天宝香蕉、台湾 8 号、广东香蕉 1 号、广东香蕉 2 号、大种高把(青身高把)、大种矮把(青身矮把)、高脚顿地雷、矮脚顿地雷、河口中把、台蕉一号、红河中把、天宝矮蕉等。

(二)粉蕉类

粉蕉类有西贡蕉、鸡蕉、龙牙蕉等。

二、种植制度

(一)栽培制度

常采取一年一造,3～4 年蕉园更新一次的栽培制度,第一年产量低,第二、第三年产量高,第四年产量下降后更新。

(二)间作

新植蕉园的植株封行前,可在行间种植大豆、食用菌、花生、生姜等矮秆经济作物。因组培苗生长前期抗性弱,易染花叶心腐病,蕉园不宜间种传播病毒的蚜虫的寄主作物(如十字花科的蔬菜类作物)。肥水条件一般的蕉园不提倡间作。

(三)轮作

一般 4~5 年轮作一次,以水田可种植两季水稻轮作;旱地可种甘蔗、花生、大豆等进行轮作。

第二节 香蕉生物学特性

一、根系

须根系、无主根,一般是由球茎抽生的细根质脆易断。

二、茎

香蕉是多年生的草本果树。球茎是香蕉植株积累和储藏营养的器官,也是繁衍后代的母体和抽生叶片的器官;假茎是由叶片的叶鞘紧贴形成,起支持植株和输送营养和水分的作用。

三、叶

香蕉的叶因不同的培育苗而不同。

(一)吸芽苗植株的叶

吸芽苗在整个生长期先后抽生三种叶。

(1)鳞片状鞘叶。在吸芽苗生长前期长出,无叶片,约10 张。

(2)剑形叶。在吸芽苗生长初期长出,一般叶宽约 5 厘米,有 10~15 张。

(3)正常叶。在吸芽苗生长中后期长出,按不同的部位和功能分别有:魁叶是所有叶片中叶面积最大的一张叶片,魁叶的出现是花芽分化开始的标志;葵扇叶是植株倒数第二张叶,叶片先端较钝平;护叶是植株抽生的最后一张叶片,形态直生且叶比较短。

(二)组织培养种苗植株的叶片

无鳞片状叶和剑形叶。从组织培养瓶苗的小叶开始计算起抽生的第 10～12 张到 22～23 张叶片,叶面带有紫色斑,共有10～13 张。抽生叶片总数可达 33～36 张。

高温高湿季节。叶片抽生速度快且数量多。保护后期的青叶是优质高产的重要保证。

四、开花结果习性

(一)花芽分化

(1)吸芽苗的花芽分化时间。一般抽生 20～24 张正常叶片后即开始花芽分化。

(2)组织培养苗花芽分化时间。抽生无紫色斑的大叶10～12张后(即含瓶苗叶,抽生叶片总数达 33～35 张)开始花芽分化。

从时间看,正常气候和充足肥水条件下,3月下旬到 4 月上旬定植的春植香蕉苗,于当年的 7 月中旬到 8 月上旬开始花芽分化;9～10月种植的秋植香蕉苗于次年 4～5 月开始花芽分化。

(二)花穗和花型

香蕉开化也叫抽蕾,蕾也称花穗,属于顶生穗状花序,外面有紫色大苞片包裹。花型有以下三种。

(1)雌性花。雌性花是能发育成香蕉果实的花,位于花轴的基部,其子房占全花长度约 2/3,花芽分化期充足的营养能增加雌性花的数量。

（2）中性花。位于花轴的中部，其子房占全花长度约 1/2。

（3）雄性花。位于花轴的顶部，其子房占全花长度约 1/3。

（三）果实

蕉类果实是由雌性花的子房壁和胎座发育形成肉质可食用的部分。一般的栽培品种是三倍体，无种子。

不同蕉类的果实食味品质不同。香蕉果实果身微弯，成熟后香气浓；大蕉果实果身直而有棱，果皮厚，成熟后无香气；粉蕉果实圆直，棱角不明显，皮薄易裂，成熟后香气较淡或无香气。

不同季节成熟的香蕉食味品质也不同。在 8～11 月成熟的"正造蕉"，果指肥大且整齐，高产，风味好，耐储藏；5～6 月成熟的"水蕉"，果指肥大，高产但含水量多，味淡，不耐储藏；2～3 月成熟的"雪蕉"果指瘦小，果皮厚，果指不整齐，低产，但风味佳；3～4 月成熟的"指天蕉"果指小，低产且品质差。

五、香蕉的高产、优质、耐藏性指标

（1）高产指标。一般"水蕉"每果穗有 6～8 梳、果指 130～140 个，株产 20～25 千克为高产。"正造蕉"每果穗有 8～10 梳，果指 150～170 个，株产 25～30 千克为高产。

（2）优质指标。果梳外观要求梳形好，果指排列整齐，无三层果现象，"水蕉"果指为 18～20 厘米，"正造蕉"果指为 20～30 厘米，每梳果有 16～24 果指。无机械损伤疤和病虫害，青果色泽淡黄绿，后熟色泽金黄色。品质要求成熟果实香味浓郁风味好，外皮剥离不易断，含糖量为 19%～22%，可溶性固形物含量高于 22%。

（3）耐储藏性要求。青果常温自然放置 10～12 天，保鲜处理的能放置 30～40 天，催熟后果实货架寿命 3～6 天，果指不易脱落。

六、香蕉的生长期

(1)发育期与栽植的时间和种苗类型关系较大。一般新植蕉,春季定植的生长期有 11～13 个月,秋植蕉生育期有 13～16 个月。宿根蕉的生育期有 14～16 个月;芽苗生育期较组织培养苗的生育期短,因前者恢复生长快且生长旺盛。

(2)影响香蕉生长期的主要因素:①种植密度。稀植园比密植园提早收获,因前者肥水和光照充足且园地的微气候温度较高,能加快植株的生长速度。②肥水条件。肥水充足,植株生长速度快,能提早抽穗和成熟,如留芽过多,营养过于分散会延长母株的生育期。③气温。同一品种在气温高的地区比气温低的地区生育期短。

七、香蕉对生态环境条件的要求

香蕉属于热带水果,要求年最低温度的月平均气温高于 10℃,且最低气温高于 3℃,全年平均气温为 24～30℃,当气温下降到 5℃时部分器官开始受寒害。香蕉根系浅且生长量大,不耐旱,但根际土壤含水量过高极易使植株受害。光照充足才能使植株开花结果良好。蕉类生长对土壤要求不很严格,但疏松通透的冲积壤土最佳。

第三节 香蕉栽培技术

一、种苗培育与选择

(一)分株繁育

用吸芽繁育也称宿根蕉,一般选取 9～11 月抽生的吸芽(称褛衣芽)和 2～5 月抽生的吸芽(红笋芽)作种苗,以苗高 1.0～

1.5 米为宜。楼衣芽春种后 6 个月可抽蕾,红笋芽种植后 6~7 个月可抽蕾。

(二)组培苗

香蕉组织培养苗一般由专业机构进行培育。种植时宜选用叶龄 10~12 张,且有 1~2 张带紫色斑色斑叶片的种苗定植,春种后 6.5~7.5 个月可抽蕾。

二、建园栽植

(一)园地选择

蕉类叶大、干高、根浅,抗风力弱,易被强风吹倒或吹折,蕉叶被风吹裂也影响植株的生长和产量,故建蕉园宜选择背风向阳的田地并采取防风害措施。故建议选择背风向阳的田地,并采取防风害措施。

(二)定植时期

一般有春植和秋植,春植在 2~3 月份栽植,秋植在 9~10 月份栽植。部分地方也有夏植或冬植。

(三)定植前土壤准备

在定植前 3~4 个月整地,松土深度 0.5~0.6 米,施入有机肥或杂肥为主的基肥和石灰与土壤混匀。高地下水位的平地可采取深沟高畦种植方法,畦高为 0.4~0.5 米,畦沟面宽为 0.5~0.6 米,如采用宽畦面双行种植法,畦宽为 3.5~4.0 米;如采用窄畦单行种植法,畦宽为 2.0 米。低地下水位或保水性差的旱地,为便于灌水可采用浅沟单行种植法,沟深为 0.2~0.3 米,宽 1.0 米。

(四)定植规格

定植规格可依据园地环境条件、栽培管理水平确定,一般株行距(2~2.5)×(2.5~2.7)米,每亩栽 80~120 株。

(五)栽植后的管理

(1)淋足定根水,并覆盖杂草在树盘保湿。

(2)秋冬植苗在冬季宜加盖小拱膜防风防寒。

三、施肥技术

(一)香蕉对营养元素要求的特点

氮、磷、钾三要素中,香蕉对钾需要量最大,其次是氮、磷的需求量相对较少,高产优质的香蕉园氮、磷、钾合适比例大约是 $1:0.2:(3.5\sim4.0)$。香蕉属于忌氯作物,施用的钾肥应使用硫酸钾或硝酸钾,不宜施用氯化钾。

(二)春植香蕉组培苗的蕉园施肥技术

以株产25千克果实计算施肥量。

(1)基肥。定植前整地时施下,施农家肥等有机肥10千克/株,磷肥0.5千克/株。

(2)壮苗肥。种植20~25天后,每隔10天淋稀薄水肥或高效叶面肥追肥一次(如绿旺或绿芬威等)。当无紫色斑叶片抽生1~2张后,施用花生麸肥约1.0千克/株,尿素、硫酸钾各0.2~0.3千克/株,施后盖土并淋水。一个月后再施肥一次。

(3)花芽分化肥。在7月中旬到8月上旬即植株抽生33~35张叶时施肥,按复合肥和硫酸钾各0.2~0.3千克/株,花生麸肥0.5千克/株。

(4)壮果肥。抽蕾后及时施肥,复合肥、硫酸钾和花生麸肥各0.2~0.3千克/株,施肥后及时淋水。

(三)宿根蕉春芽的施肥技术

以株产25千克果实计算施肥量。

(1)壮苗肥。2月下旬到3月上旬施花生麸肥1.0千克/株,尿素、硫酸钾各0.2~0.3千克/株,磷肥0.5千克/株,同时,要清除旧蕉头,4~6月,每月上旬各施肥一次,每次施入花生麸肥 0.3～0.5 千克/株,尿素和硫酸钾各 0.2 千克/株。

(2)壮果肥。现蕾后施 2～3 次,每次施复合肥 0.2～0.3 千克/株或尿素和硫酸钾各 0.1 千克/株。

四、土壤耕作与管理技术

(一)除草

园地畦面要及时清除杂草,防止争夺肥水。化学除草剂要少用,且使用时应避免喷到蕉株导致毒害。

(二)中耕松土

每年 2～3 月中耕一次,深度为 15～20 厘米。结合施有机肥、除草、挖除旧蕉头进行。4 月后根系生长活跃,不宜中耕。

(三)地面覆盖

可利用稻草、甘蔗叶、无病虫害蕉叶、杂草等作物残体作畦面覆盖物。

五、宿根蕉留芽技术

通常每一母株只留头路芽或二路芽的一株作母株的接替株,当吸芽高约 0.3 米时选留芽,肥水条件好的可选留吸芽两株,其余的吸芽全部去除。

(一)留芽时期的安排

第一年留芽是整个生产周期产量的关键。如在 6～7 月选留壮芽,次年 10～11 月可收获正造蕉。在肥水水平中等和冬季气温较低的地区,每年的 5～6 月选留壮芽可保证次年 8～11 月收获"正造蕉";如肥水充足或冬季气温较高的地区,可延迟到 7 月选留芽,但不能迟于 7 月下旬,如 8 月才选留吸芽作接替株,次年只能收获"雪蕉";在冬季气温较高的地区,如要在下一年 4～6 月收"水蕉",当年 3～4 月选留壮芽作母株的接替株。

（二）除芽技术

除芽通常在吸芽长到 0.15～0.30 米进行，太小的易伤及母株，太大的已消耗养分过多，除芽以去吸芽的生长点及上部的小球茎为度，夏秋季每 15～20 天除芽一次。

六、果穗管理技术

果穗管理是保证香蕉产量和品质的重要环节，主要应做好以下工作。

（一）校蕾

抽蕾后要及时把妨碍花蕾下垂的叶片拨开或割除，防止花轴折断。

（二）断蕾和疏果

（1）断蕾。在雌花开完见到有 2～3 梳花不能结果时，要及时把花蕾割除，减少养分的消耗。断蕾时末端果梳最好留 1～2 个果指，防止果轴往上腐烂或干枯。断蕾应在晴好天气进行，防止果轴断口腐烂。如天气不良又必须断蕾的，断蕾后及时涂 600～800 倍杀菌剂溶液，并用塑料膜包扎伤口。

（2）疏果。疏果的目的是保证果指的大小质量，一般按"正造蕉"留果梳 8～10 个，果指 150～180 个；"雪蕉"和"水蕉"留果梳 6～8 个，果指 130～140 个，多余应疏除。果穗末端的 1～2 个果梳一般果指少且梳形不好，在断蕾时常把其疏除，其他果梳的畸形果也同时疏除。

（三）果穗套袋

果穗套袋能减少病虫害和机械损伤，促进果实生长发育，冬季还能防寒，目前多采用市售的浅蓝色塑料薄膜袋，长 120 厘米，宽 150 厘米，两头通口，有单层和双层两种类型。冬季低温用双层袋防寒效果好于单层袋。套袋前两天喷一次防病虫害药剂。可同时使用市售如"丰满剂"和"增果灵"等一些能增加果实的长度和粗度的药剂,提高果实等级。

七、香蕉树体保护技术

(一)防风

一般采用"牵引法"和"立桩法"两种方法。

(1)牵引法。用包装绳将植株假茎上部绑牢,各植株之间相互牵引拉紧,形成网状,并在每植株上部拉上 2 条包装绳,以 45°角用小木桩固定在地面上。

(2)立桩法。用长 3～5 米、径粗约 10 厘米的木条在蕉穗反侧距蕉头 10～15 厘米处,扎入土中深约 50 厘米,然后用包装绳在蕉株上、中、下部把蕉株和木桩牢固地绑缚在一起,再在蕉株上部拉上 2 条包装绳,以 45°角用小木桩固定在地面上。

(二)防寒

适期留芽作接替株,避免植株在 12 月到次年 2 月冬季抽蕾。秋天增施钾肥和有机肥,11 月上旬果穗套袋,低温来临前蕉园灌水,霜前蕉园熏烟。寒害后及时刈除受霜害和冻害的蕉叶和叶鞘,防止腐烂蔓延,并及时施速效肥恢复生长势。

八、采收技术

(一)采收标准

(1)采收时间的确定。一般 4～8 月抽蕾的香蕉,断蕾后60～80天可采收;10～12 月抽蕾的香蕉断蕾后 130～150 天可采收,断蕾时可用小刀在果轴刻写断蕾日期备忘。

(2)成熟度大概判断。判断时以中部果梳果指的饱满度为指标,果身饱满但见棱角的饱满度约 8 成,果身饱满棱角不明显的饱满度约九成。本地销售的饱满度为 9 成的才采收;远销的饱满度在七八成时就要采收。

(二)采收方法

2～3人为一组，一人先用利刀在假茎的中上部砍切一刀。使植株缓慢倾斜，另一人用软物托住缓慢倒下的果穗，前一人再将果轴割下，合作将果穗保护性转移。

(三)收蕉后清洁田园

(1)假茎的处理：保留假茎高度约1.5米，使其储藏的营养回流到球茎上，供给子代植株的生长。

(2)枯黄的蕉叶要用锋利刀及时割除，减少病虫源。旧蕉头隔年要挖除，可结合春季松土进行。

九、果实催熟技术

(一)乙烯利催熟法

配制40％乙烯利500～1000毫克/升溶液，浸果或喷果，或涮果轴，然后将香蕉放置在房内，高温时使用的浓度宜低些，温度较低时使用浓度宜高些。

(二)乙烯气体催熟法

将香蕉送进密闭室后，通入乙烯气体，1立方米的乙烯可催熟1000立方米体积的香蕉，催熟室的温度保持20～25℃，每24小时开门换气一次，连续重复处理2～3次，催熟后的香蕉色泽鲜黄美观。

模块十　草莓的生产

草莓是多年生常绿草本果树。其浆果营养丰富,经济价值较高,具有一定的医疗保健价值。草莓浆果成熟较早,一般5～6月即可上市,对保证果品周年供应起一定作用。草莓除鲜食外,还可加工成草莓酱、草莓酒、草莓汁等各种加工品,经济价值较高。草莓适应性也强,栽培管理容易,结果较早,较丰产。

第一节　草莓品种

一、幸香

幸香草莓是日本最新品种,是以丰香为母本,爱美为父本杂交选育而成的。该品种植株生产势强,植株半直立,匍匐茎抽生能力强,果为圆锥形,果型正,无畸形果,果色鲜红色,果实硬度好,是目前日本品种中最好的一个。该品种在日本有取代"丰香"的趋势。

二、枥乙女

枥乙女草莓是新引进日本中熟品种,亲本为久留米49号X枥峰,植株生长势强旺,叶色深绿,叶大而厚,大果型品种,果圆锥形,鲜红色,有光泽,果面平整,果肉淡红,果心红色,酸甜适口,品质优,果实较硬,抗病性较强。

三、章姬

章姬草莓是日本特早熟品种,休眠期浅,生长势强,聚伞形花序,花序抽生量大,果为长圆锥形,口味甜香,品质特好,果质细腻,产量较高,苗期易感叶部病害,应注意防治,可作为近市场地区栽植。

四、港丰

港丰草莓也称丰香变异,植株生长势健强,植株半开张,叶片椭圆形,较大,叶色浓绿,匍匐茎抽生能力特强,花序抽生量大,平于或高于叶面,每 667 平方米产量达 3000~3500 千克。

五、卡尔特一号(C)

卡尔特一号草莓也称玛丽亚,西班牙中熟品种,植株长势强,叶片较厚,呈椭圆形,叶缘锯齿浅,颜色浓绿,抽生匍匐茎能力较弱,但成苗率较高,常规苗易感蛇眼病,果实为圆锥形,果面鲜红色,有光泽,肉质淡黄色,风味芳香酸甜,硬度好,耐运输。第一级序果均重 35 克左右,最大单果重 70 克。休眠期较深,5℃以下低温 500~600 小时可打破休眠。

六、鬼怒甘

鬼怒甘草莓是日本早熟品种,植株高,叶片大,生长势极度旺盛,几乎无生长衰弱期,繁殖力很强,花序低于叶面,果为圆锥形,种子红色微凹果面,果色浓红,有光泽,果肉细腻味甜,香味浓,品质佳,一级序果均重 40 克,最大单果重 70 克。硬度较好,休眠期浅,打破休眠所需 5℃以下低温 70 小时左右,极耐寒和抗高温,适宜各种形式栽培。

七、哈尼

哈尼草莓为美国中早熟品种,植株生长势较强,中庸健壮,半开张,繁殖力强,抗蛇眼病。叶片中等偏大,椭圆形,叶较厚,深绿色,光滑。果实中等大小,圆锥形,整齐,果面深红色,有光泽,果肉全红,汁液多,风味酸甜有香味,果实硬度好,耐运输。较丰产,一级序果均重 19 克,最大果重 38 克。匍匐茎抽生能力中等。适应性非常强,抗病能力较强,但对黄萎病和红中柱根腐病的抗性较弱,适合露地栽培。

八、明晶

明晶草莓是由沈阳农业大学从草莓品种实生苗中选出,1989 年通过辽宁省农作物品种审定委员会的审定。该品种植株生长势强,株态较直立。叶片椭圆形,略呈匙状,较厚,颜色较深。花序低于叶面,果实大,第一级序果平均单果重 27 克。果实近圆形,果面红色,光泽很好。果肉红色,致密,髓心小,果汁多,风味酸甜爽口。果皮韧性强,果实硬度大,耐储运。单株平均抽生花序 1.8 个,产量较高。适应性强,适宜栽培地区广泛,抗逆性强,特别是抗寒性较强,抗病。适合露地栽培。

九、全明星

全明星草莓是美国农业部马里兰州农业试验站杂交育成的。亲本为 US4 419× MDUS3 184。植株生长势强,株态较直立。叶片较大,叶色深绿,叶面平展。果实圆锥形,果面鲜红色,有光泽,果个大,整齐美观,肉质细腻,风味酸甜,鲜食和加工兼用品种。果面和果肉的硬度都很大,耐储运性极强。休眠较深,中晚熟,丰产性强。匍匐茎抽生能力中等。适应强,耐高温、高湿,抗黄萎病和红中柱根腐病,适合半促成栽培和露地栽培。

十、森嘎拉

森嘎拉草莓为德国品种,树势中庸,叶片深绿色。果实中等大小,圆锥形,果面深红色,果肉红色,汁液多,风味甜酸,品质优良,果实较软,是优良加工品种。植株抽生花序能力强,每株有5~9个花序。植株抽生匍匐茎能力较弱。适应性较强,抗病力中等,适合半促成栽培和露地栽培,每667平方米产量可达1500~2000千克。

第二节 草莓的栽培环境

一、温度

草莓对温度适应性强。春季当气温达5℃时,开始生长。此时抗寒能力降低,遇到-9℃的低温就会受冻害,-10℃时大多数植株死亡。草莓根系在10℃时生长较快,最适宜生长温度为18~20℃。秋季气温降到2~8℃时,根生长减弱。地上部生长发育最适宜温度为20~26℃。开花期低于0℃或高于40℃,都影响授粉、受精和种子的发育。花芽分化应在低于17℃条件下进行,当降到5℃以下时,花芽分化停止。

二、水分

草莓生长发育过程中需要充足的水分。但在不同生长发育期,对水分要求量不一致。早春开始生长期和开花期,要求水分不低于土壤最大持水量的70%,果实生长和成熟期需要水分最多,要求在土壤最大持水量的80%以上,果实采收后植株进入旺盛生长期,要求土壤含水量在 70% 左右,秋季 9、10 月植株要求水分较少,土壤含水量要求 60%。不仅土壤含水量对草莓植株生长发育有影响,而且空气相对湿度也有影响。空气相对湿度过高或过低均不利于草莓花药开裂和花粉萌发。一般以空气相对湿度达 40% 左右最适宜花药开裂和花粉萌发。随着空气相对湿度增加,花药开裂率直线下降,当空气相对湿度达到 80% 时,花药开裂率和花粉萌发率均很低。

三、光照

草莓喜光,又比较耐阴,可在果树行间种植。草莓不同生育阶段对光照要求不同。在花芽形成期,要求每天 10~12 小时的短日照和较低温度;花芽分化期需要长日照。在开花结果期和旺盛生长期,草莓需要每天 12~15 小时的较长日照时间。

四、土壤

草莓适宜在疏松肥沃、地下水位较低(1 米以下)、通气良好的呈中性或微酸性的沙壤土上生长良好。沼泽地、盐碱地、黏土、沙土都不适于栽植草莓。一般黏土上生长草莓果实味酸、色暗、品质差,成熟期比沙土晚 2~3 天。

第三节　草莓栽培技术

一、育苗

草莓育苗方法有匍匐茎分株、新茎分株、播种、组织培养等,目前生产上主要以匍匐茎苗进行繁殖。匍匐茎分株繁殖草莓,生产上常有两种方式:一是利用结果后的植株作母株繁殖种苗当生产田果实采收后,就地任其发生匍匐茎,形成匍匐茎苗,秋季选留较好的匍匐茎苗定植。该方法产生的茎苗弱而不整齐,直接影响第二年产量,一般减产30%以上。二是以专用母株繁殖秧苗,就是母株不结果,专门用以繁殖苗木。此方法可以培育壮苗,可在生产上大面积推广。

(一)繁殖田准备

繁殖田选择疏松,有机质含量在1%以上的土壤,排灌方便的地块。定植前整地作畦,每667平方米施充分腐熟农家肥4～5吨,尿素15千克,耕翻、耙平、清除杂草,做成平畦或高畦,畦宽1米。

(二)母株选择和定植

母株选择品种纯正,植株健壮,根系发育良好,无病虫害的植株。9月上中旬定植。在每畦中部定植1行,株距为30～40厘米。根据品种抽生匍匐茎的能力,抽生强适当稀些,抽生弱的适当密些。栽植时植株根系自然舒展。培土程度为土覆平后既不埋心又不露根为宜。

(三)繁殖田的管理

母株越冬后早春抽生花序,及时彻底摘除。匍匐茎抽生时期,加强土、肥、水管理。土壤保持湿润、疏松,每667平方米适当追N、P、K三元复合肥10千克,施肥后及时灌水,松土除草。在6月份匍匐茎大量发生时期,经常使匍匐茎合理分布,进行压土。干旱时选早晨或傍晚每周灌水一次。7～8月匍匐茎旺盛生长期,在匍匐茎爬满畦面出现拥挤时,及时间苗、摘心。8月底形成的茎苗可在8月上中旬各喷一次2000毫克/千克矮壮素。匍匐茎抽生差的品种喷洒植物赤霉素（GA$_3$）50毫克/升。四季草莓品种在6月上、中、下旬和7月上旬各喷1次50毫克/

千克的 GA_3，每株喷 5 毫升，结合摘除花序，效果明显。

(四)茎苗假植及管理

茎苗假植时间在 8 月下旬至 9 月上旬。假植地块要求排灌水方便，土壤疏松肥沃。在整地作畦时撒施足量的腐熟有机肥及适量的复合肥。在假植苗起出前一天对母株田浇水。茎苗起出后，立即将根系浸泡在 70% 甲基托布津可湿性粉剂 300 倍液或 50% 多菌灵液 500 倍液中 1 小时。假植株行距(12～15)厘米×(15～18)厘米。假植时根系垂直向下，不弯曲，不埋心，假植后浇水。晴天中午遮阴，晚上揭开。一周内早晚浇水，成活后追一次肥，9 月中旬追施第二次肥，追施 N、P、K 三元复合肥 12～15 克/平方米。经常去除老叶、病叶和匍匐茎，保留 4～5 片叶。假植一个月后，控水促进花芽分化。

二、建园

草莓园地选择地势较高、地面平坦、土质疏松、土壤肥沃、酸碱适宜、排灌方便、通风良好的地点。坡地坡度不超过 2～4 度，坡向以南坡和东南坡为好。前茬作物为番茄、马铃薯、茄子、黄瓜、西瓜、棉花等地块，严格进行土壤消毒。大面积发展草莓，还应考虑到交通、消费、储藏和加工等方面的条件。栽植草莓前彻底清除园地杂草，有条件的地方采用除草剂或耕翻土壤，彻底消灭杂草。连作草莓或土壤中有线虫、蛴螬等地下害虫的地块，栽植前进行土壤消毒或喷农药，消灭害虫。连作或周年结果的四季草莓，一般每 667 平方米施用腐熟的优质农家肥 5000 千克＋过磷酸钙 50 千克＋氯化钾 50 千克，或加 N、P、K 三元复合肥 50 千克。土壤缺素的园块，可补充相应的微肥或直接施用多元复合肥。全园均匀地撒施肥料后，彻底耕翻土壤，使土肥混匀。耕翻深度为 30 厘米左右，耕翻土壤整平、耙细、沉实。土壤整平、沉实后,按定植要求做畦打垄。北方常采用平畦栽培,畦宽为 1.0～1.2 米,长为 10～15 米,畦埂宽 20～30 厘米,埂高 10～15 厘米。采用高畦栽培根据当地情况,一般畦宽为 1.2～1.5 米,高 15～20 厘米,畦间距 25～30 厘米。在北方地区有灌溉条件的可起垄栽培:垄宽 50 厘米,高 15～20 厘米,垄距 120 厘米(大果四季草莓垄可再宽些)。该形式更适合地膜覆盖,还可减少果实污染和病虫害的发生。栽植前大小苗分开,分别栽植管理。栽苗时应注意栽植方向,一季草莓要求每株草莓伸出的花序均在同一方向,栽苗时应将新茎的弓背朝预定的同一方向栽植。垄栽时让花序向外,即苗的弓背向外。平畦栽时新茎弓背向里。四季草莓赛娃、美得莱特的新茎,栽植时不考虑方向问题。

栽植深度是苗心的茎部与地面平齐,即“深不埋心,浅不露根”的原则。栽后要立即灌透水。在干旱情况下,栽后一周内每天浇小水一次,一周后每 2～3 天浇一次水,不大水漫灌,畦面不积水。灌水后还应及时检查,露根或淤心苗及时进行调整。缓苗后检查补苗。

栽植储藏苗时,宜先将苗箱放置阴凉处 2～3 小时,然后将苗取出,将苗立于水槽内 2～3 小时。为了提高苗的成活率,栽植前后还要注意:一是要选择壮苗。二是起苗前圃地浇透水,摘除老叶,起苗时尽量少伤根系,起出的苗要放在阴凉处。外地引种,注意降温保湿。三是有条件时带土栽植或随移随栽。四是定植前去除老叶,只留 3 片未展开新叶。五是选择阴天或傍晚栽植。六是及时浇水。七是药剂处理,定植前用 5 毫克/千克萘乙酸浸灌根系或用 ABT 生根粉处理,以提高成活率。

三、土、肥、水管理

草莓栽植成活后和早春撤除防寒物及清扫后,及时覆膜,而不覆膜栽植草莓,要多次进行浅中耕 3～4 厘米,以不损伤根系为宜。但在草莓开花结果期不中耕。采果后,中耕结合追肥、培土进行,中耕深为 8 厘米。而四季草莓则少耕或免耕,最好采取覆膜的办法。草莓园田间可采用人工除草、覆膜压草、轮作换茬等综合措施进行。为减少用工,以除草剂除草为主。草莓移栽前一周,将土壤耙平后,每 667 平方米用 48% 氟乐灵乳油 100～125 毫升+水 35 千克,均匀喷雾于土表,随机用机械或钉耙耙土,耙土要均匀,深 1～3 厘米,使药液与土壤充分混合。一般喷药到耙土时间不超过 6 小时。氟乐灵特别适合地膜覆盖栽培,一般用药 1 次基本能控制整个生长期的杂草。或者用 50% 草萘胺(大惠利)可湿性粉剂 100～200 克+水 30 千克左右,均匀喷雾于土表,对草莓安全有效。也可将已出土杂草铲除干净后,用 40% 西玛津胶悬剂 200～500 毫升+水 40 千克左右,均匀喷于表土,可收到良好的效果。但使用任何除草剂时,土壤不要太干燥,一般掌握在田间最大持水量的 50%～60%,才能起到应有效果。草莓苗期人工除草后,在马齿苋、看麦娘、狗尾草、稗草等杂草 3～5 叶期,每 667 平方米用 35% 精稳杀得乳油 40～70 毫升+水 40 千克喷雾;或每 667 平方米用 10% 禾草克乳油 40～125 毫升+水 35 千克左右均匀喷雾于杂草的茎叶。

草莓一般土壤追肥 3 次:第一次在萌芽前一般每 667 平方米施复合肥 10～15 千克,或用尿素 7～10 千克;第 2 次在开花前施入。以磷钾肥为主,兼施适量的尿素,或每 667 平方米加 N、P、K 复合肥 8～10 千克;第三次在采果后施入尿素 10～15 千克,以补充土壤营养的不足,保证植株健壮生长,促进花芽分化,提高植株越冬能力。四季草莓一年四季连续开花结果,一般每年追 5～8 次 N、P、K 复合肥。生长季节,结合防治病虫害可多次叶面喷肥,喷施 0.2%～0.3% 磷酸二氢钾。四季草莓叶面追肥更好。草莓对水分的要求较高,栽植后灌好缓苗水,以缩短缓苗期,每次追肥后应及时灌水。从开花期到浆果成熟期间,干旱年份生长季应视土壤的干旱情况增加浇水次数,始终保持土壤田间持水量的 70% 左右。在有条件的地方,应采用滴灌。多雨年份,雨季应注意排水防涝。

四、植株管理

草莓必须及早摘除匍匐茎。摘除匍匐茎比不摘除能增产 40%。草莓一般只保留 1~4 级花序上的果,其余及早疏除,每株留 10~15 个果。为提高果实品质,在花后 2~3 周内,在草莓株丛间铺草,垫在花序下面,或者用切成 15 厘米左右的草秸围成草圈垫在果实下面。适时摘除水平着生并已变黄的叶片,以改善通风透光条件,减轻病虫害发生。

五、综合防治病虫害

草莓病虫害主要有灰霉病、炭疽病、病毒病、根腐病、芽枯病、叶枯病、蛇眼病;蚜虫、叶螨、蛴螬、叶甲、斜纹夜蛾等。其防治技术是采用以农业防治为主的综合防治措施,即选用抗病品种,培育健壮秧苗。

具体措施:一是利用花药组培等技术培育无病毒母株,同时 2~3 年换一次种;二是从无病地引苗,并在无病地育苗;三是按照各种类型的秧苗标准,落实好培育措施,并注意苗期病虫害防治。

加强草莓栽培管理,可有效抑制病虫害的发生。具体措施有:施足优质基肥,促进草莓健壮生育;采用高畦栽植,改善通风透光条件;掌握合理密植,降低草莓株间湿度;进行地膜覆盖,避免果实接触土壤;防止高温多湿,创造良好生长环境。使植株保持健壮,提高植株抗病能力;搞好园地卫生,消灭病菌侵染来源。日光照射土壤消毒,对防治草莓萎黄病、芽枯病及线虫等,具有较好效果。重视轮作换茬,一般种植草莓两年以后要与禾本科作物轮作。

合理使用农药:重点在开花前防治,每隔 7～10 天用药一次,连续 3～4 次,直到开花期。要合理选用高效低毒低残留药剂适时防治。

在病虫害发生初期彻底防治以红蜘蛛和白粉病、灰霉病为主的病虫害。果实采收开始后尽量减少施用农药。春季温度回升后,注意红蜘蛛、花蓟马等害虫的为害,应及时喷药防治。

六、果实采收

多数草莓品种开花后一个月左右分批不间断采收。果实成熟时,其底色由绿变白,果面 2/3 变红或全面变红,果实开始变软并散发出诱人香气。当地销售在九至十成熟时采收,外地销售达到八成熟时采收。具体采收时间在早晨露水干后至大热之前进行,注意轻摘、轻拿、轻放,严防机械损伤。

七、采收后的管理

草莓果实采收后继续进行植株调整,要及时挖除多余的新茎分枝,保持适当密度,留下秧苗将老叶去除,仅保留 2～3 片新叶。随新茎发生部位不断上移,根状茎也相应抬升,须根暴露在外。在初秋新根大量发生之前对草莓植株及时培土,并且培土与中耕除草和施肥相结合,以施用有机肥为主,施肥量同基肥。培土厚度以露出苗心(生长点)为度。同时,为保证留下母株健壮生长,匍匐茎要摘除 2～3 次,以保证母株健壮生长。

模块十一　龙眼的生产

第一节　龙眼品种

一、早熟种

主栽品种有八月鲜、扁匣榛、红壳、粉壳早熟、大广眼、油潭本等。

二、中熟种

主栽品种有广眼、大乌圆、双孖木、粉壳中熟、石硖、红核仔、乌龙岭、水南 1 号等。

三、迟熟种

主栽品种有草铺种、福眼、白露、储良、立冬本。

第二节　龙眼生物学特性

一、根系

龙眼根系为菌根，好气，耐旱，耐酸，耐瘠。年周期内有 3～4 次生长高峰期，分别在 3 月上中旬至 4 月上中旬、5 月上中旬至 6 月中旬、8 月中下旬至 9 月中下旬、10 月中下旬至 11 月上中旬。

二、枝梢生长与发育

龙眼树干粗糙,枝条粗分枝力强。龙眼一般一年发生 3～4 次梢:春梢 1 次,2 月下中旬至 4 月上中旬,生长较弱,难成为结果母枝。夏梢 2～3 次,在当年春梢或上年夏、秋梢上抽出,其中以 6～7 月梢为夏梢高峰期,夏梢一部分可成为翌年的结果母枝。秋梢 1 次,8 月中旬至 10 月抽发,从夏梢顶芽、采果枝以及短截枝、老枝上抽发,可成为翌年结果母枝。

在华南热带地区为避免植株抽发冬梢影响花芽分化,常培养 10 月上中旬抽生,12 月上中旬完全老熟的第二次秋梢作次年主要的结果母枝。径粗在 0.7～0.8 厘米成熟的结果母枝坐果率高。

三、开花结果习性

(一)花芽分化

龙眼的花芽分化期一般为 1 月中下旬到 3 月中下旬。

龙眼结果母枝顶芽及顶芽附近的 3～5 个芽进行花芽分化。龙眼花芽分化期其形态表现:前期为末级梢枝条的顶部抽穗,中后期的花穗主轴的苞片腋间形成红色点状的花穗原基,红点最后发育成为侧花穗。12～14℃的低气温对龙眼的花芽分化有利,如此时气温偏高达 15～16℃,且持续 5～7 天以上,花穗就会出现前期的叶包花或后期花包叶的"冲梢"现象。

(二)花和开花期

(1)花序。龙眼花序为圆锥形聚伞花序。龙眼小花花型有雄花,占总小花数的 80% 左右;雌花、占小花总数的5%~20%;部分为两性花。

花序也称花穗,它的生长类型与果实产量关系密切。主要有以下四种类型:一是长花穗。其雌花比例小,小花量大,消耗营养量大,坐果率低。二是短花穗。其雌花比例大,小花量少营养充足,坐果率高。三是丛状花穗。其花枝粗短,雌花比例高,坐果良好。四是"冲梢"花穗。因其抽生叶梢,成花率低,坐果率低。

(2)开花。龙眼开花的顺序一般雄花先开雌花后开,最后以雄花开放结束花期。各地龙眼的开花期在 4 月上旬到 5 月中旬,花期为 30~40 天。花期如遇高温或低温阴雨天气都不利于开花坐果,常因授粉受精不良而严重落花落果。蜜蜂、蝇类是龙眼花主要的传粉昆虫。促进龙眼花授粉受精良好的常用方法有开花期果园引蝇放蜂,花期遇高温用水喷雾防止烧花,花期遇雨及时摇树防止沤花造成烂花,花期用 0.3% 硼砂溶液喷雾。

(三)果实发育及果实成熟

果实可食用的部分为假种皮形成的果肉。坐果后,果实在 6 月中旬开始生长膨大,7 月上旬起进入迅速膨大期。早熟品种成熟期在 7 月中下旬,中熟品种的在 8 月上中旬,晚熟品种在 9 月中下旬。

四、龙眼对环境条件的要求

龙眼生长结果需求充足日光:要求年平均气温 18~26℃,最低温 2~3℃,冬季 12~1 月要求有适当低温 8~14℃,温度在 0~2℃会遭受冻害,使顶梢枯萎;3 月平均气温较低,也难以成花。龙眼耐旱忌水浸,生长发育期间,要求有充足水分,年降水量 1000~1200 毫米地区生长良好。龙眼对土壤适应能力强,除碱性土外,平地、冲积土以及山丘地、沙壤土、红壤土、黏质土等各种土壤都能适应,瘠薄土壤宜增施有机肥或进行土壤改良。

第三节　龙眼栽培技术

一、种苗繁育

育苗一般有高压育苗和嫁接育苗两种。

(一)龙眼高压育苗

一般在2~8月均可进行,但以3~4月份进行时发根良好,成功率高。操作方法是:选择生长良好的优良母株,在其上选2~4年生的健壮枝条进行环状剥皮,宽约4厘米,刮净红色皮层至见白为度,7天以后,待剥口长出瘤状物用催根材料包扎,经过约100天以后待根长多后,再锯下假植。

(二)嫁接育苗

(1)砧木选用。共砧以及大乌圆、广眼等大核种子品种的实生苗。

(2)嫁接方法。切接(含改良切接)、枝腹接、芽腹接、舌接等。

(3)嫁接时间。最好在每年的3~5月进行,嫁接后一个月可检查其成活与否,未成活者可进行补接,若已成活,则解绑,在10~15天后剪砧。

二、建园栽植

(一)园地选择及整理

一般选择土层深厚、疏松肥沃、排水方便的丘陵坡地建园。采用等高定点开坑或按等高线开垦成简易梯田后定点挖坑。龙眼种植前 1～2 个月要挖好种植坑,种植坑的规格为长 1 米、宽 1 米、深 1 米为好,挖坑时要将表土和底土分开堆放,定植前将土放回种植坑中,先放进杂草、绿肥,并撒上石灰与表土拌匀,再放入农家肥与松细土拌匀回填至高出地面 30 厘米。

平地筑土堆,开浅穴定植。

(二)种植时期

龙眼定植可分为春植和秋植。春植在 3～4 月进行,秋季在 9～10 月进行。

(三)种植密度

一般采用的种植株行距,行距为 5～6 米,株距为 3～5 米。种植株数平地为每亩 20～35 株,山地为每亩 35～40 株,也可进行矮化密植。

(四)栽植方法

栽植苗木应选择品种纯正、粗壮、直立的嫁接苗,以营养钵苗或者带土团的苗木为好。栽苗时在种植坑中心挖一个小坑,把苗放入坑中,种下回土以不盖嫁接节位为宜,轻压松紧适度。淋透定根水,并用稻草覆盖整个树盘。种后如果遇到干旱天气,每隔 2～3 天要淋水一次,保持树盘湿润。下雨后要及时排去积水。

三、幼龄树的管理

(一)肥水管理

(1)追肥。对幼年龙眼树的施肥采取勤施薄施的原则,一般在龙眼树苗定植后一个月开始施第一次肥。以后每次新芽长出来时和新叶开始转绿时各追肥一次,追肥时结合淋水可以用沼气液、猪粪水等水肥,也可以每棵淋施 20～25 千克水肥加尿素或复合肥 0.1 千克。进入冬季低温时期,要增施磷、钾肥。除在 11 月以后扩坑埋施有机肥时加入复合肥外,还可在叶背喷施根外追肥,可用 0.6％的氯化钾或 0.2％的尿素肥液喷施。

(2)水的管理。要求在多雨季节注意对果园排水,而少雨季节需注意对果园灌水,特别是 8～10 月,正是龙眼秋梢抽生的时期,要注意做好果园的灌水工作。

(二)整形修剪

龙眼幼苗定植成活后,距地面 30～50 厘米选留角度分布均匀的新芽 3～5 个培养成为树冠的主枝。主枝萌发时,根据树型情况选留 3～5 个芽,培养成为侧枝,最后形成自然圆头形树冠。第二年春季如果苗木长出花穗,要及时剪去花穗,以集中营养保证枝叶生长,使树冠生长得更快,尽快形成树冠,提早结果。

四、结果树的管理

(一)施肥技术

结果树的施肥数量宜根据品种特点、树龄大小、树势强弱、果园土壤肥力状况、上年产量和当年的花果量多少等情况而定。周年施肥技术如下所述:

(1)基肥。要求在 1 月上中旬施,株施麸肥 0.25～0.5 千克,磷肥 1 千克。同时,叶面喷施 0.3％磷酸二氢钾和 0.3％尿素溶液或根际淋施复合肥,促使花芽及时萌动。

(2)壮花肥。一般在 2 月下旬至 3 月上旬在花穗抽出后施肥。株施氯化钾 0.3～0.4 千克加复合肥 0.3～0.4 千克,麸肥 0.25～0.5 千克,对水或浅沟淋施,以促进花芽分化的数量和质量,提高抽穗率和增大花穗。

(3)保花果肥。每年 4 月下旬至 5 月在谢花后至果实黄豆般大小时施下。株施腐熟人粪尿 40 千克加麸肥 0.2~0.3 千克,复合肥 0.2~0.3 千克,促进果实生长,减少生理落果,每株施氮、磷、钾三元复合肥 0.5 千克。

(4)促梢壮梢肥。一般于每年 7~8 月份采果前后 5 天和 9 月下旬分两次施肥,结合灌水施速效肥,梢前以氮肥为主配合磷钾肥,恢复树势,促进采后第一次秋梢及时抽发并在 9 月下旬老熟,第二次秋梢在 10 月中旬抽发,能在 12 月中旬老熟。

(二)修剪

结果树的修剪主要是围绕培养次年优良结果母枝进行。

(1)疏花疏果。在清明前后对花量大的植株要疏除部分花穗。疏花穗可按"树顶少留,下层多留,外围少留,内部多留"的原则进行。选留 20 厘米以下粗短花穗,并短截长花穗,控制其长度在 15~20 厘米,疏除病虫花穗,弱枝穗,利于提高坐果率。为提高果实商品价值,在 6 月下旬疏果,去除小果、畸形果、病虫害果,大乌圆等大果型的品种,每果穗选留果数 30 个左右。石硖、储良等中小果型的品种,每果穗选留果数 40~45 个。

(2)采果后修剪。采果后 3~5 天,应及时修剪、疏剪枯枝、细弱枝、过密枝、病虫害枝、交叉重叠枝。回缩衰退枝组,保留其基枝 20~25 厘米、径粗 1.5~2.0 厘米的枝桩。短截衰弱的结果母枝和徒长枝,修剪程度以中午时可以看见阳光通过绿叶层,在树盘地面上形成数量众多的像铜钱大小的光点为宜。抽发的秋梢要疏梢,每一基枝选留 2~3 条壮实的新梢,其他的则疏除。交叉枝、丛生枝去弱留强进行疏剪。弱树只轻剪或不剪,疏剪病虫害枝、部分过密弱枝;强树可适当重剪。

(3)冬季修剪。冬季修剪主要在秋梢结果母枝转绿后的 12 月下旬至花穗抽出并显现花蕾时进行,只剪除阴枝、过度下垂枝,病虫害枝、弱枝(小于 0.5 厘米,10 片复叶以下),从基部疏除,不能短截结果母枝和大枝。

(三)结果母枝的培养技术

根据种植地气候、树势和树龄的不同,通过采果前后的肥水管理和采果后的修剪,培养次年的结果母枝。防止植株在冬季抽生冬梢不能进行花芽分化导致次年无花或花量少。如只培养一次秋梢作结果母枝,结果母枝抽发期安排在9月下旬到10上旬。这种秋梢的结果母枝老熟后抽发冬梢的可能性极小,次年抽穗率高;如要培养两次秋梢,并以第二次秋梢作次年主要的结果母枝。第一次秋梢抽发期安排在8月下旬到9月上旬,促使本次秋梢在9月下旬老熟,第二次秋梢抽发期安排在10月中下旬,促使二次秋梢在12月中旬老熟。

(四)控制冬梢抽生,促进花芽分化技术

(1)采果后适期培养次年结果母枝。

(2)培养秋梢的追肥以速效性肥为主,并控制氮肥用量,加大钾肥用量,不宜施用大量的迟效有机肥,末次秋梢老熟后不再施入氮肥。

(3)采后及时修剪,刺激新梢抽生。

(4)壮旺树在11~12月对其一级枝和二级枝的树皮光滑处进行螺旋环割。环割宽度为0.2~0.4厘米,螺旋线间距为3~5厘米。螺圈为2~3个。

(5)在末级秋梢老熟后沿树冠滴水线处深翻约4厘米,锄断部分根系并晾根5~7天。

(6)冬梢萌发时人工及时摘除。

(7)喷药促控。在11~12月份使用浓度200~400毫克/升的乙烯利,浓度200~400毫克/升的多效唑(注意只能间隔几年使用一次)。这些药剂喷雾一次能抑制枝梢生长期限约25天。

也可试用花果灵、龙眼和荔枝杀梢促花素和龙眼丰产素等市场推广的控梢药剂。

五、果实采收

(一)龙眼果实成熟的标准

一般当龙眼果皮由青色转为淡褐色或黄褐色,表面变得薄而平滑,绒毛脱落,果肉有坚硬变得柔软并富有弹性,生青味消失,果核有红色转为黑色(红核品种除外),15天左右即可采收。果实成熟后要及时采收,否则落果量不断加大。在果实成熟采收前几个月给果穗套尼龙网袋,能明显减少虫害。

(二)采收时间

应在晴天的早晨或傍晚进行,早晨应在露水干后为宜。不应在中午太阳光强烈、雨天、有台风时采收,因在此条件下采收的果实易变质和发生病害。

(三)采收方法

用人工采收方法进行采收。果穗采摘剪口的部位要求在果穗基部和结果母枝的交界处即在果穗基部下1～2张复叶处用采果剪剪断,不要伤及树体。采下的果实应轻采轻放,叠放整齐。装筐时,先在筐底放些叶片作垫衬。采摘下来的果实不能在烈日下晒,宜放在树荫下或送库房整理、包装。

(四)包装与储藏

在包装前,应修齐果穗,坏果与破裂果要剔除,将果穗上的叶子保存下来一起包装。龙眼果实采收后装入塑料周转箱或板条箱内储藏效果最好,每箱装12千克左右,以便于运转和储藏。装箱时要果穗朝外、果枝朝内,轻装轻放。采后应及时处理,最好当天采收,当天处理,当天入库储藏。

模块十二　果树病虫害的防治

第一节　果树虫害

一、危害叶的虫害

(一)天幕毛虫

天幕毛虫的别名:天幕枯叶蛾、带枯叶蛾、梅毛虫。

1. 危害特点

主要危害苹果、梨、桃、李、杏、梅、樱桃、海棠、沙果等。刚孵化出的幼虫群集于一小枝杈,吐丝结成网幕,食害嫩芽、叶片。每龄幼虫蜕皮后,下移至粗枝杈上结网巢,白天群栖巢内,夜出取食,4龄后期分散危害,严重时将全树叶片吃光。

2. 形态特征

(1)成虫:雌体长18~22毫米,翅展37~43毫米,黄褐色。

(2)卵:圆筒形,灰白色,200~300粒环结于小枝上,黏结成一圈呈"顶针"状。

(3)幼虫:体长50~55毫米,头蓝色,体上有多条黄、蓝、白、黑相间的条纹。

(4)蛹:椭圆形,长17~20毫米,蛹体有淡褐色短毛。

(5)茧:黄白色,表面附有灰黄粉。

(二)苹果小卷叶蛾

别名:苹卷蛾、棉卷蛾、远东褐带卷蛾。

1. 危害特点

主要危害苹果、梨、山楂、桃、李、杏、柑橘等。

幼龄食害嫩叶、新芽,长大后卷叶,或贴叶片于果面,食叶肉呈纱网状和孔洞,并啃食贴叶果的果皮,呈不规则形凹疤,多雨时常腐烂脱落。

2. 形态特征

(1)成虫:体长6~8毫米,翅展15~20毫米,黄褐色。

(2)卵:扁平椭圆形,径长约0.7毫米,淡黄色半透明,孵化前为黑褐色,数10粒成块作鱼鳞状排列。

(3)幼虫:体长13~18毫米,细长翠绿色。

(4)蛹:9~11毫米,较细长,初绿色后变黄褐色。

(三)梨二叉蚜

1. 危害特点

成、若蚜集于芽、叶、嫩梢和茎上吸食汁液。梨叶受害严重时由两侧向正面纵卷成筒状,早期脱落。

2. 形态特征

(1)成虫:无翅胎生蚜体长约2毫米,绿色或黄褐色,被有白色蜡粉。有翅胎生,蚜体较小,灰绿色。

(2)卵:椭圆形,长约0.7毫米,黑色有光泽。

(3)若蚜:无翅,绿色,体较小,形态与无翅胎生雌蚜相似。

(四)黄刺蛾

1. 危害特点

分布广泛,食性杂,可危害多种果树。以夏秋季节为主,幼虫食害叶片。

2. 形态特征

(1)成虫:体长 13～16 毫米,体橙黄色;前翅黄褐色,后翅灰黄色。

(2)卵:扁平,椭圆形,淡黄色。

(3)幼虫:老熟幼虫体长 19～25 毫米,体粗大;各节背线两侧有一对枝刺,枝刺上长有黑色刺毛。

(4)蛹:椭圆形,黄褐色,体长 12 毫米。

(5)茧:椭圆形,质坚硬,黑褐色,有灰白色不规则纵条纹,极似雀卵。

(五)山楂叶螨

别名:红蜘蛛、大蜘蛛、大龙、砂龙等。

1. 危害特点

分布广泛,食性杂,可危害 100 多种植物,果树上红蜘蛛种类较多。其寄生广泛,主要有山楂红蜘蛛、苹果红蜘蛛。

危害叶片为主,被害叶正面有失绿的黄斑,严重时变黄脱落。叶片背面可以看见许多小红点,即为成螨,严重时可见许多吐出的丝。

2. 形态特征

(1)成螨:雌成螨深红色,体长 0.5 毫米;雄成螨橙黄色,体长 0.4 毫米。

(2)卵:越冬卵红色,非越冬卵淡黄色。

(3)越冬代幼螨为红色,非越冬代幼螨为黄色。

(六)金纹细蛾

1. 危害特点

首先以危害苹果为主,其次为梨、桃、樱桃、海棠、李、沙果及山定子等果树。

幼虫潜食叶肉,形成明显虫斑。虫害发生严重的果园,叶片上虫斑可达 15～20 个,致使叶面失去光合作用能力,造成早期落叶,严重影响树势。

2. 形态特征

(1)成虫:体长 2～3 毫米,翅展约 6 毫米;全身金黄色,上有银白色细纹。

(2)卵:扁椭圆形,长径 0.3 毫米,乳白色,半透明,具有光泽。

(3)幼虫:幼龄幼虫为淡黄绿色,末龄幼虫体长 4～6 毫米,细纺锤形。

(4)蛹:长 3～4 毫米,黄绿色。

二、危害果的虫害

(一)桃小食心虫

别名:苹果食心虫、桃蛀果蛾、桃蛀虫、豆沙馅、猴头果等。

1. 危害特点

危害多种果树,苹果、梨、枣较严重。

桃小食心虫只危害果实。被害果果面有针头大小的蛀(入)果孔,由孔流出泪珠状汁液,干涸后呈白色蜡状物。幼虫取食果肉形成弯曲纵横的虫道,虫粪留在果内呈"豆沙馅"状。幼果被害后,生长发育不良,形成凹凸不平的"猴头果";后期受害的果实,果形变化不大。被害果大多有圆形幼虫脱果孔,孔口常有少量虫粪,由丝粘连。

2. 形态特征

(1)成虫:体长 7 毫米左右,灰褐色。

(2)卵:椭圆形,初产时为橙红色,渐变为深红色。

(3)幼虫:初孵幼虫黄白色,老熟幼虫体背桃红色,体长约13毫米。

(4)茧:分两种类型,一种为冬茧,即幼虫越冬时做的茧,冬茧圆形,稍扁,茧丝紧密。另一种为夏茧,即幼虫化蛹时做的茧,夏茧长纺锤形,茧丝松散。两种茧外都附着土粒。

(5)蛹:长约7毫米,淡黄色至黄褐色,体表光滑无刺。

(二)梨小食心虫

别名:梨小蛀果蛾、桃折梢虫、小食心虫等。

1. 危害特点

危害梨、桃、苹果、李、樱桃、山楂等。

春夏季节危害桃、李嫩梢,多从上部叶柄基部蛀入髓部,向下蛀至木质化处便转移,被害嫩梢渐枯萎,俗称"折梢"。夏秋季节危害梨树,幼虫危害果多从萼、梗洼处蛀入,早期被害果蛀孔外有虫粪排出,晚期被害果多无虫粪。幼虫蛀入直达果心,高湿情况下蛀孔周围常变黑腐烂渐扩大,俗称"黑膏药"。苹果蛀孔周围不变黑。

2. 形态特征

(1)成虫:体长5～7毫米,全体灰褐色无光泽。

(2)幼虫:体长10～13毫米,头、前胸盾、臀板均为黄褐色,胸、腹部为淡红色或粉色。

(3)卵:长0.5毫米,椭圆形,稍扁,黄白色,孵化前变黑褐色。

(三)桃蛀螟

别名:桃斑螟、桃蛀心虫等。

1. 危害特点

危害桃、柿子、核桃、板栗、无花果等。

幼虫主要蛀食果实,蛀道直达果心,果实表面的蛀果孔常被病菌侵入,腐烂变黑。

2. 形态特征

(1)成虫:体长 12 毫米,翅展 22～25 毫米,黄至橙黄色。

(2)卵:椭圆形,长 0.6 毫米、宽 0.4 毫米,初乳白渐变橘黄、红褐色。

(3)幼虫:体长 22 毫米,体色多变,有淡褐、浅灰、浅灰蓝、暗红等色。

(4)蛹:长 13 毫米,初淡黄绿后变褐色。

(5)茧:长椭圆形,灰白色。

(四)李实蜂

1. 危害特点

李实蜂危害李树是在幼果长到黄豆粒大小时,幼虫蛀入果核内部危害,果内被蛀空,堆积虫粪,幼虫老熟后落地休眠。

2. 形态特征

(1)成虫:体黑色,长 5 毫米,李树花期成虫羽化,在晴天上午常集结在树冠上方飞翔。

(2)卵:乳白色。

(3)幼虫:长 10 毫米,头部淡褐色,胸腹部乳白色。

(4)蛹:乳白色,裸蛹。

三、危害枝干的虫害

(一)桃红颈天牛

1. 危害特点

桃红颈天牛以幼虫蛀入树干进行危害,老熟幼虫蛀入木质部,虫道弯曲,多由上向下蛀食,木屑和虫粪堆积于树干基部。造成枝干萎蔫枯死,严重时全树死亡。

2. 形态特征

(1)成虫:体长约 28～37 毫米,体黑色发亮,前胸背面大部分为光亮的棕红色或完全黑色。

(2)卵:卵圆形,乳白色,长 6～7 毫米。

(3)幼虫:老熟幼虫体长 42～52 毫米,乳白色,前胸较宽广。身体前半部各节略呈扁长方形,后半部稍呈圆筒形。

(4)蛹:体长 35 毫米左右,初为乳白色,后渐变为黄褐色,前胸两侧各有一刺突。

(二)苹果小吉丁虫

1. 危害特点

危害苹果、沙果、海棠、花红。

危害皮层,虫道内为褐色虫粪堵塞,皮层枯死、变黑、凹陷。

2. 形态特征

(1)成虫:体长 5.5～10 毫米,全体紫铜色,有光泽,体似楔状。

(2)幼虫:体长 15～22 毫米,体扁平.头部和尾部为褐色,胸腹部为乳白色,头大,大部入前胸。

(3)卵:长约 1 毫米,椭圆形,初产时乳白色,后逐渐变成黄褐色。卵产在枝条向阳面、粗糙有裂纹处。

(三)透翅蛾

别名:苹果小翅蛾、小透羽。

1. 危害特点

危害苹果、桃、梨、李、杏等果树。

幼虫在树干枝杈等处蛀入皮层下,食害韧皮部,造成不规则的虫道,深达木质部,被害部常有似烟油状的红褐色的粪屑及树脂黏液流出,被害伤口容易遭受苹果腐烂病菌侵袭,引起溃烂。

2. 形态特征

(1)成虫:体长 10～18 毫米,全体黑色并有蓝色光泽,外形极似蜂类。

(2)幼虫:体长 20～25 毫米,头黄褐色,胸腹部乳白色,中线淡红色。

(3)卵:长 0.5 毫米,扁椭圆形,黄白色,产在树干粗皮缝及伤疤处。

(四)杏球坚蚧

别名:朝鲜球坚蚧、桃球坚蚧、杏虱子。

1. 危害特点

危害杏、李、桃、梅等核果类果树。

终生吸取寄主汁液,受害后,寄主生长不良,虫口密度大时,使受害严重的寄主致死。

2. 形态特征

(1)雌成虫:体近乎球形,初期介壳质软、黄褐色,后期硬化为黑褐色,表面皱纹不明显。

(2)卵:椭圆形,长约 0.3 毫米,粉红色,半透明,附着一层白色蜡粉。

(3)若虫:初孵时,体椭圆形,体背面上隆起,体长 0.5 毫米左右,淡粉红色,腹部末端有两条细毛,活动力强。

(4)蛹:裸蛹,体长 1.8 毫米,赤褐色,腹末有一黄褐色的刺状突。

第二节　果树侵染性病害

一、苹果腐烂病

苹果腐烂病,俗称烂皮病、臭皮病,是我国北方苹果树重要病害。主要危害结果树,造成树势衰弱、枝干枯死、死树,甚至毁园。华北、东北、西北地区发生普遍。

症状:有溃疡、枝枯和表面溃疡三种类型。

1. 溃疡型

在早春树干、枝树皮上出现红褐色、水渍状、微隆起、圆至长圆形病斑。质地松软,易撕裂,手压凹陷,流出黄褐色汁液,有酒糟味。后干缩,边缘有裂缝,病皮长出小黑点。潮湿时,小黑点喷出金黄色的卷须状物。

2. 枝枯型

在春季 2～5 年生枝上出现病斑,边缘不清晰,不隆起,不呈水渍状,后失水干枯,密生小黑粒点。

3. 表面溃疡型

在夏秋落皮层上出现稍带红褐色、稍湿润的小溃疡斑,边缘不整齐,一般 2～3 厘米深,后干缩呈饼状。晚秋以后形成溃疡斑。

二、苹果锈果病

苹果锈果病又称花脸病,是国内检疫对象。在东北、西北、华北产区都有发生,以西北最为突出,陕西、晋中有些果园病株率高达60%～80%之多,辽宁以北部地区发生严重。

锈果病主要表现在果实上,随着不同苹果种类和品种及环境条件,症状有明显的差异。

1. 锈果型

晚熟品种如"国光"、"鸡冠"、"青香蕉"、"印度(苹果品种)"等品种容易发生。果实上有5条与心室相对应的红褐色木栓化锈斑,由果顶沿果面向果柄呈放射状发展。病重时锈斑龟裂,甚至果皮开裂,果小畸形。

2. 花脸型

多发生在海棠、沙果、槟子及西洋苹果中的早熟品种,如红魁、祝光、金红等。病果着色前症状不明显,着色后表现着色不匀,形成红绿相间的斑块,如花脸状,有时果面凹凸不平。

3. 锈果花脸复合型

某些中熟或中晚熟品种如红玉、元帅、倭锦等常出现以上两种症状类型的复合症状。着色前果顶或果面散生锈斑,着色后除锈斑外的部位着色不匀,呈黄绿斑块。

以上三种症状,以前两种为主。虽然上述各类症状在某些品种上有一定的稳定性,但有时也会出现同一品种在不同条件下甚至同一株上有几种类型。

锈果病除危害果实外,苗木和枝条也可受害,表现苗木矮小、叶片反卷、枝干发生锈斑或溃疡斑等症状。

三、梨黑星病

梨黑星病又叫疮痂病,是南北梨区发生普遍、流行性强、损失大的一种重要病害。从落花期一直危害到果实成熟期。

梨黑星病可侵染梨树所有绿色幼嫩组织:花序、叶片、叶柄、新梢、芽鳞及果实等,其中以叶片、果实为主。

最典型的症状是在病部产生明显的黑色霉层,故又有黑霉病之称。叶片受害多发生在叶背,长出黑色霉斑,叶正面为多角形或圆形褪绿黄斑;严重时,叶正反面都长满黑色霉层,致使叶片干枯而脱落。叶柄受害,产生圆形或长条状霉斑造成落叶。嫩梢发病,除形成条状霉斑外,后期皮层龟裂呈粗皮状的疮痂。果实受害,初期为淡黄色斑点,逐渐扩大长出黑霉,以后病部凹陷木栓化,停止生长呈畸形,易脱落。

四、葡萄霜霉病

葡萄霜霉病在我国各地均有发生,以辽宁、山东沿海地区及华北、西北等春、夏、秋冷凉多雨时发病较重。

此病主要危害叶片,也危害新梢、叶柄、花、幼果、果梗及卷须等幼嫩部分。叶片受害初呈半透明水浸状小斑,以后扩展成黄色至褐色多角形大斑,边缘不清晰。天气潮湿时,病斑背面产生灰白色霜霉层;发病后期病斑干枯,叶片早落。新梢、叶柄、果梗、卷须等受害初期呈水浸状,后变为褐色凹陷病斑。潮湿时有白色霉层产生;病重时新梢扭曲,甚至枯死。幼果被害呈深褐色变硬下陷,生有霉层皱缩脱落。

五、苹果轮纹病

苹果轮纹病又称粗皮病,是一种真菌侵染性病害。

苹果树的枝干,在1~2年生枝的皮孔上形成凸起的小瘤状物,在3~5年生枝上有典型瘤状物,直径在0.3~3厘米不等,会以病瘤为中心形成近圆形至不正形的褐色病斑。患病部位与健康部位之间有较深的裂开,后期病组织干枯并翘起,在突起中央的周围出现散生的黑色小粒点(分生孢子器)。呈粗皮状,故也有称之为粗皮病。越冬枝干瘤皮病斑中的病菌分生孢子器,具有不断产生孢子的能力,这就是侵染果实的病菌来源。

六、梨白粉病

梨白粉病分布较为普遍,近几年有发展的趋势。除危害梨树外,还危害桑、板栗、核桃等树木。

此病多危害老叶,发生在叶背面。初期病斑为白色霉状小点,逐渐扩展为近圆形白色粉斑。每片叶上霉斑数目不等,数斑相连形成不规则形粉斑,甚至扩及全叶,上覆白色粉状物(分生孢子)。后期在白色粉状物上长出很多初为黄色逐渐变为黑色的小点(闭囊壳),严重时造成早期落叶。

七、桃炭疽病

叶斑多始自叶尖或叶缘,半圆形或不定形,红褐色,边缘色较深,病健部分界明晰。果斑近圆形,稍下陷,初淡褐后转黑褐,病斑扩大并联合成斑块,常渗出胶液,终至软腐脱落。潮湿时患部表面出现朱红色小点病症(分孢盘及分生孢子)。

八、葡萄白腐病

果梗和穗轴上发病处先产生淡褐色水浸状近圆形病斑,病部腐烂变褐色,很快蔓延至果粒,果粒变褐软烂。后期病粒及穗轴病部表面产生灰白色小颗粒状分生孢子器,湿度大时,由分生孢子器内溢出灰白色分生孢子团,病果易脱落,病果干缩时呈褐色或灰白色僵果。

枝蔓上发病,初期显水浸状淡褐色病斑,形状不定,病斑多纵向扩展成褐色凹陷的大斑,表皮生灰白色分生孢子器,呈颗粒状。后期病部表皮纵裂与木质部分离,表皮脱落,维管束呈褐色乱麻状,当病斑扩及枝蔓表皮一圈时,其上部枝蔓枯死。

叶片发病多发生在叶缘部,初生褐色水浸状不规则病斑,逐渐扩大略成圆形,有褐色轮纹。

九、桃细菌性穿孔病

桃细菌性穿孔病遍布全国各地,特别是在沿海、沿湖地区和排水不良的果园以及多雨年份,常严重发生。如果防治不及时,易造成大量落叶,减少营养的积累,影响花芽的形成。不仅削弱树势,当年减产,而且会影响第二年的结果,造成产量歉收。

叶片上出现水渍状、淡黄色小斑,后扩展成红色圆斑,继而变成褐色,边缘较中心色深,边缘周围有半透明的淡黄色晕圈,边缘容易产生离层,形成圆形穿孔斑,几个病斑连在一起,穿孔形状呈不规则形。严重时一张叶片有几十个病斑,造成病叶提早脱落。

果实受害后,产生油渍状褐色小点,以后病斑扩大,颜色加深,最后凹陷龟裂,以致腐烂。枝条初起出现水渍状,带紫褐色斑点,后来也凹陷龟裂。潮湿时,病斑上出现白色脓液。干枯时,往往发生裂纹。

枝条受害后,有两种不同的病斑,一种称为春季溃疡,另一种则称为夏季溃疡。

(一)春季溃疡

发生在上一年夏季生出的枝条上(病菌于前一年已侵入)。

春季在第一批新叶出现时,枝条上形成暗褐色小疱疹,直径约2毫米,以后扩展长达1～10厘米,宽度多不超过枝条直径的一半,有时可造成枝枯现象。春末(开花前后)病斑表皮破裂,病菌渗出,开始传播。

(二)夏季溃疡

多于夏末发生,在当年的嫩枝上以皮孔为中心,形成水渍状暗紫色斑点,以后病斑变褐色至黑褐色,圆形或椭圆形,稍凹陷,边缘呈水渍状。夏季溃疡的病斑不易扩展,并且会很快干枯,故传播作用不大。

第三节　苹果树生理病害

一、苹果树小叶病

苹果小叶病发生后,表现为病枝春季发芽较晚,抽叶后生长停滞,质厚而脆,叶色浓淡不均且呈黄绿色,病枝节间短,叶缘向上卷,叶片细小且呈簇状。

苹果小叶病是由于树体锌元素含量不足引起的生理病害,因此,多采用补锌的方法来防治。但是苹果小叶病不仅仅是由于锌元素含量不足引起的,不合理的修剪措施,如去枝不当、重环剥等也能引起小叶病。

二、苹果树黄叶病

苹果黄叶病又名黄化病或缺铁失绿病,是由于缺少铁素引起的生理病害。在pH高的果园普遍发生。

从新梢的幼嫩叶片开始,叶肉先变黄,叶脉保持绿色,呈绿色网纹状。后期全叶变成黄白色,叶焦枯。最后全叶枯死、早落。

三、苹果树缩果病

苹果缩果病,我国各苹果产区均有发生,尤以山地和沙质偏碱果园发病较多。近年来,部分果园偏施氮肥,营养失调,缩果病呈上升趋势。

苹果缩果病主要表现在果实上,严重危害时,枝叶上也有症状表现。病果从落花到采收期均可发生,依品种和发病早晚常表现为三种类型的症状。

(一)干斑型

干斑型主要表现在幼果期。发病初期幼果背阴面出现近圆形水浸状斑,褐色,皮下果肉组织也变褐枯死。病部干缩凹陷,果实小而畸形,果肉质地坚硬。重病果常提前脱落。

(二)木栓型

木栓型缩果病在落花后 20 天至采收前均有发生,生长后期较多。果肉发生水渍状病变,很快变为褐色,海绵状,并从萼筒基部沿果线扩展,使细胞木栓化。多呈条状分布在果肉任何部位,果面略有凹凸不平。幼果期发病,果小而畸形,易脱落。

1. 锈斑型

常发生在元帅等感病品种上,果实扁圆形或长筒形,沿果柄周围果面变褐,形成细密横形条斑,锈斑干裂。

2. 簇叶型

枝叶发病在初夏,当年生新梢上常发生由上往下的枝枯型。有时在春季发芽时,叶芽不能萌发或发出纤细枝条,丛生呈帚枝型。有时也可导致新梢节间缩短,叶丛生,窄小质脆。

四、苹果树缺素症

苹果缺钙症（苦痘病　痘斑病），叶尖或叶缘变黄、焦枯坏死，植株早衰，嫩叶先沿中脉及叶尖产生红棕色坏死区，并逐渐扩大。果树缺钙严重时，枝条尖端以及嫩叶似火烧状斑坏死，并迅速向下发展，致使许多小枝完全死亡。

缺钙果实在成熟期和储运期间症状明显。发病程度与品种有关，以国光、新红星为重。病果胴部、下部出现圆形、稍凹陷的变色斑。绿色或黄色果面以皮孔为中心呈深绿色，红色果面以皮孔为中心呈暗红色，周围有紫红或黄绿色晕。果皮下面的组织坏死，变褐色，呈海绵状，深 3～5 毫米，一个病果可能出现几个至数十个痘斑，病组织味微苦。

模块十三　果树生产经营管理

第一节　果树的生产经营管理

一、果树苗木的生产

(一)苗木生产基地的区划与布局

对苗木生产基地进行功能分区,其目的在于合理利用圃地面积,便于生产管理和作业实施,提高生产效益。首先要进行实地测量,将生产用地和辅助用地按一定比例描绘在图纸上,要标明各育苗区的所用设施的平面轮廓。其次要注明生产用地中各种植区的面积、培育的果树苗木种类及数量等,同时要考虑苗木的移栽、检验、假植、包装、储藏和运输等相关环节的安排。

(二)苗木生产规划

首先要做好调研工作,准确把握苗木生产基地自身的栽培技术水平、种源、设备、人力、物力、财力、自身的产品质量、在市场中的地位等背景资料;要依据当地的土壤状况、气候变化规律和农业经济发展水平等条件,因地制宜地发展适销对路的果树苗木,并确定适宜的生产方式。

其次要根据资金周转、土地状况及当地果树发展需求、种类、数量等进行统筹规划,合理安排。

(三)生产组织与管理

1. 制订合理的生产计划

制订合理的生产计划包括生产进度安排、时间安排以及一系列技术规范与要求等,并要考虑主要的生产程序和生产过程中可能存在的不利因素等。

2. 生产计划的执行和实施

生产计划制订后,关键是执行和组织实施。要把计划和任务层层落实,同时要求苗木生产基地各基层单位要做好各个环节的作业计划,并要掌握计划执行的进度,确保苗木生产的各个环节的顺利进行,按时、按质、按量完成苗木生产任务,提高苗圃的生产经营水平和经济效益。

3. 作好生产记录

在苗木生产过程中,应有专人负责作生产记录,要及时准确记录各个环节和主要生产过程,有助于积累经验,为下一个周期生产奠定良好的基础。记录主要包括如下内容:

(1)栽培过程记录。包括各项操作过程记录和环境因素记录。①操作过程记录。主要记录如种子处理、播种、间苗、移栽、嫁接、接后管理等各个环节的具体时间、操作要点、生产效果、劳动力预算等。②环境因素记录。包括生产地点的温度、光照、水分、土壤、基质、病虫害发生等情况,特别是保护地设施育苗中环境因素如何调节等。

(2)产品成长记录。主要记录果树苗木的生长表现和物候特征,如苗高、胸径、萌芽、抽枝等生长状况记录。至少每周或半月评估一次苗木生长发育情况,并作好详细记录。

(3)产出和投入记录是指投入和产出(收入)的记录。通过投入和产出记录分析,可发现、评估并纠正生产中的失误,并可严格实施苗圃经营的程序。

苗圃投入分为可变投入和固定投入,前者是指如苗木繁殖、养护、销售、运输等费用,它随着植株的种类和规格大小不同而变动。后者如学术交流活动、技术人员外出参观培训及有关的设备、工资、水、电等费用。收入可根据苗木类型和种类分别记载,也可按销售日期、销路和产品等级记录,有助于比较各部门或种类的季节赢利、市场营销渠道和产品级别等。

二、果树苗木营销

(一)营销策划

营销策划是指巧妙的设计和策略。其基本思路是将企业现有的经营要素按新的思路重新组合,实现新的经营目标的营销活动。营销策划的构成要素主要有如下内容。

1. 明确目标

企业或苗木生产单位要设定战略性、明确性或方向性目标。

2. 丰富信息

要有丰富的信息资源,可通过网络、广告、展会等形式,收集和积累相关的信息资料。尽量做到别人不知我们知、别人无法利用我们可利用、别人没有意识到我们却有超前意识。

3. 创意和理念

创意和理念是营销策划的灵魂,创意的水平决定着企业策划的质量和营销的前景。要始终体现发展企业的思想和核心理念。

4. 控制意识

在落实企业的创意和理念过程中,要客观分析企业当前所面临的困难和条件,控制好苗木从生产到销售的各个环节,保证企业的创意和效益能如期实现。

(二)销售渠道

销售渠道是指果树苗木产品从生产到消费者手中所经过的渠道。包括直接销售和间接销售两种方法。

1. 直接销售

直接销售是从苗圃将自己生产的果树苗木直接出售给生产用户,其间不经过任何中间商,实行产销合一的经营方式。

2. 间接销售

间接销售是指在销售渠道中有中间商参与,商品所有权至少要转移两次或两次以上。其优点是有利于开拓市场,且苗木生产基地不从事产品经销,能集中人力、物力和财力组织好产品生产。其缺点是销售渠道较长,商品流转时间长,对果树苗木来说,势必要增加流通费用,提高苗木价格,易造成产销脱节。

(三)促销形式

促销是指苗木生产基地通过各种手段或方法,向消费者宣传本单位果树苗木产品的种类、品种、价格、服务等,有助于树立良好的企业形象和文化,促使消费者产生购买的动机和行为。苗木促销的方法主要有:①参加各地举办的苗木展览会、苗木信息研讨会等;②利用网络或电话等做好广告宣传;③优化售前、售中和售后服务。

(四)销售价格的制订

苗木产品的定价,有其科学性和艺术性。合理的定价方法和合适的价格是苗木生产单位在激烈的市场竞争中立于不败之地的关键之一。

通常苗木的价格是根据其生产成本和预先设定的目标利润及税率等因素决定的,计算公式为:

$$果树苗木价格 = \frac{果树苗木生产成本 + 目标利润}{1 - 应缴税率}$$

果树苗木的销售价格一般采用市场价,买卖双方可以自由协商制定,同时还受到市场供需情况、买卖双方的心理、苗木质量、购买能力等因素的影响,所以苗木生产或经营单位在市场营销活动中,可灵活运用价格策略,合理制定自身产品的价格,以取得较大的经济利益。

三、果树苗圃效益的优化管理

(一)技术管理

技术管理是指对苗木生产、包装、储存等各项技术的科学组织与管理。加强技术管理有利于建立良好的生产秩序,提高本单位或行业的技术水平,扩大苗木种类和品种,提高苗木产量和品质,节约能耗,降低产品成本等。

1. 建立健全技术管理体系

技术管理体系包括技术规范和技术规程,这是进行技术管理、安全管理和质量管理的依据和基础,是标准化生产的重要内容。

(1)技术规范,是对各类苗木的质量、规格及其检验方法等作出的技术规定,是企业单位和个人在生产经营活动中行动统一的技术准则。技术规范可分为国家标准、地区标准、部门标准及企业标准。

(2)制定技术规程的目的。技术规程是为了保证达到技术规范,对生产过程、操作方法以及工具设备的使用、维修、技术安全等方面所作的技术规定,苗圃可以根据自身的具体条件,自行制定和执行。

2. 注意事项

制定技术规范和技术规程应注意以下三个方面。

(1)要以国家对果树苗木生产的规定和政策、技术标准为依据,同时要因地制宜地结合当地特点和地区操作方法、操作习惯等。

(2)要对国内外先进技术的成就和经验结合自身和现有条件加以合理利用,防止盲目拔高或降低标准。

(3)要广泛征求多方意见,并结合生产实践多次试行、总结修改后方可批准执行。在执行过程中应随着技术经济的发展及时进行修订,使之不断完善,确保技术规范、规程既严格又具有可操作性。

(二)质量管理

在生产实践中,对果树苗木行业的质量管理主要有以下几个方面:

(1)首先要依据国家标准和行业标准执行果树苗木产品质量检验,进行质量调查分析评价,建立质量保证体系。其次要建立并执行各项质量管理制度。企业或生产单位要实行质量责任制,要设专人负责质量管理工作。

(2)要进行全面质量教育,帮助企业领导、技术人员和员工树立质量意识,要开展技术培训、技术考核、技术竞赛等各种有利于提高企业效益和长久发展的活动,鼓励职工钻研技术,不断提高技术水平。

(3)要实行综合质量管理,把好各个生产阶段和每一个环节的技术质量关。做好质量信息反馈工作,积极听取消费者的意见,及时反馈市场信息,改进和完善企业质量管理制度。

(三)做好科技情报和技术档案工作

1. 科技情报工作的主要内容

及时搜集、整理、检索、储存国内外本行业或相关行业的科技资料、信息,为生产、科研、技术改革提供有价值的资料及信息。

2. 果树苗圃技术档案工作

该项工作是对苗圃生产和经营活动真实记录的整理与保管。目的是通过不断地记录、整理分析苗圃的使用、苗木生长发育、育苗技术措施的实施情况和人力、物力、财力的投入及综合效果等,掌握苗木生产规律,总结苗木生产技术经验,不断探索苗圃经营管理的合理可行的科学方法,不断提高苗圃的生产经营和管理水平。

四、果树苗木购买策略

果树生产提倡就地育苗、就地栽植的原则。但是因苗木生产需要的周期长,技术含量高或是品种、规格等不能满足当地果树生产发展需要时,就需要从外地购进苗木。

从外购苗时要注意如下五个方面。

(一)首先要考查树种、品种

首先要考查树种、品种是否具有发展前景和符合当地的适应性,要选择农业科研、推广机构的技术人员、市场销售人员、果树种植户,向他们咨询当前果树的主要栽培品种、市场销路情况,分析当前和今后一定时期内市场的需求。

1. 了解各树种和品种的适合栽培区域

结合当地的自然条件和土地状况,确定栽培树种和品种。

在水肥条件差的山地、丘陵地,可发展抗旱、耐瘠薄的核桃、板栗、柿子、枣树等经济林树种。在交通不便、道路偏远的山区以适销对路的晚熟耐储存的树种和品种为宜,如苹果、梨、核桃、枣、柿子、山楂等。在山间谷地不宜栽早春开花的杏、梅、李、樱桃等易受晚霜危害的树种。

2. 在确定栽植树种后,要重点了解品种的性状

在确定栽植树种后,要重点了解品种的性状,如成熟期、色泽、果形、糖度、硬度、授粉树搭配、产量、病害、已发展面积及栽培区域等,综合分析和评价品种的优缺点。

(二)重点考查苗木纯度

栽培果树品种首先要考虑品种纯度,其次是苗木大小、价格等。

(1)目前果树苗木生产基地可分为三大类。一是农业科研、推广机构的育苗基地;二是多年从事果树苗木生产的专业大户;三是零散小户。总体上说,农业科研、推广机构的人员素质、业务能力、信誉度较好,这些企业培育的苗木是购买的首选。

(2)从销售地点来分。一是苗圃坐地销售;二是集贸市场销售;三是经纪人设摊收购后再转手销售;四是通过网络购买,坐在家里等苗送上门。最好亲自到苗圃确认后再起苗。

(三)起苗并签订合同

确定好购苗后,要选择生长健壮均匀、规格一致的苗木。可从苗木栽植密度小、田间管理好、深秋叶片全的苗圃中选择。起苗要用专业的起苗铲起出的苗木根系断面要整齐,根系尽量大而全,主根要达到25～30厘米,侧根要尽量完整。

交易时要与售苗者签订合同,最主要的内容是苗木品种纯度的保证。

(四)购苗要做到"三看"

1. 看苗木新鲜度

新鲜苗木,出圃周期短,叶片、根系新鲜有光泽,没有变色、皱缩、萎蔫、干枯、腐烂等现象。如果叶片失绿出现皱缩,枝条产生皱皮,根系失水干枯,多为苗木出土时间长,植株失水多,根系已死亡,栽后很难恢复生长。

2. 看苗木质量

选优质果苗除品种纯正外,还要求枝干粗壮,多分枝,枝叶无病虫损伤,根系发达,主、侧根完整,损伤少,须根多。

3. 看芽的发育情况

不同温度带地区的果树苗木,发芽早晚不同,要根据当地种植时间选购苗木。一般春季仍在休眠的苗木,栽后成活率较高,已萌芽长叶的苗木,栽后根系恢复生长慢,水分营养代谢失调,一般成活率较低。所以,购苗要选择时间,春季已发芽抽梢的苗木不要购买。

(五)要做好果树苗木病虫害检疫工作

在苗木生产基地实地考察期间,最好先看一下苗木生产或经营单位的证件是否齐全,苗木种类、品种及生长状况如何。确定购苗时,在起苗后一定要求本部门或当地检疫部门对所选苗木进行现场检疫,并颁发合格证后方可运回。

第二节　苗木出圃的经营管理

一、出圃准备

果树苗木出圃前要进行苗木调查、制订计划与操作规程、策划营销与圃地浇水。苗木调查就是对拟定出圃的苗木进行抽样调查,掌握各类苗木的数量与质量。制订计划与操作规程指制定苗木出圃计划和掘苗操作规程。策划营销就是通过现代信息网络、媒体及多种信息渠道,搞好苗木的销售工作。圃地浇水就是在掘苗前苗圃地土壤干旱的情况下,提前10天左右对苗圃地灌水。

二、苗木挖掘

(一)起苗时间

起苗时间在秋季落叶后至春季萌芽前的休眠期内均可进行。最好根据栽植时期进行。秋季从苗木停止生长后至土壤结冻前起苗。就近栽植,最好随起随栽。春栽苗木,在土壤解冻后至苗木发芽前起苗。

(二)挖苗方法

挖苗分带土和不带土两种方式。落叶果树露地育苗,休眠期不带土对苗木成活影响不大;生长季出圃的苗木,带叶栽植需带土球。落叶前起苗,应先将叶片摘除,然后起苗。避免在大风、干燥、霜冻和雨天起苗。起苗前对苗木挂牌,标明树种、品种、砧木、来源、树龄及苗木数量等。如果土壤干燥,应提前1～2天充分灌水,待稍干后再起苗。挖掘时,尽量少伤根系,使根系完整,挖出后就地临时假植,用土埋住根系,或集中放在阴凉处,用浸水草帘或麻袋等覆盖。一畦或一区最好一次全部挖完。

三、分级与修苗

起苗后立即根据苗木规格进行分级,对不合格苗木应留在圃内继续培养。结合分级同时进行修剪。剪去病虫根、过长根及畸形根。主根留 20 厘米左右短截。受伤粗根应修剪平滑,缩小伤面,且使剪口面向下。剪去地上部病虫枝、枯枝残桩和充实的秋梢及萌蘖。

四、检疫与消毒

(一)苗木检疫

苗木检疫是防止病虫害蔓延的有效措施。我国对内检疫的病虫害主要有苹果绵蚜、苹果蠹蛾、葡萄根瘤蚜、美国白蛾等。列入全国对外检疫的病虫害有地中海实蝇、苹果蠹蛾、苹果实蝇、苹果根瘤蚜、美国白蛾、栗疫病、梨火疫病等。育苗单位和苗木调运人员必须严格遵守植物检疫条例,做到从疫区不输出,新区不引入。起苗后至包装之前,主动向当地植物检疫部门申请,对苗木进行产地检疫,待检疫合格签发检疫合格证之后,才能起运。

(二)苗木消毒

(1)杀菌处理。杀菌处理用 3～5 度 Be 石硫合剂溶液,或 1:1:100 倍波尔多液浸苗 10～20 分钟,再用清水冲洗根部。李属植物应慎重用波尔多液。还可用 0.1% 的升汞水浸苗 20 分钟,再用清水冲洗 1～2 次,在升汞中加醋酸或盐酸,杀菌效力更大。用 0.1%～0.2% 硫酸铜溶液处理 5 分钟后,用清水洗净,也可起到消毒效果,但此药主要用于休眠期苗木根系的消毒,不宜用作全株消毒。用于苗木消毒的药液还有甲醛、石炭酸等。

(2)灭虫处理。灭虫处理用氰酸气熏蒸。具体操作方法是:在密闭的房间或箱子中,每 100 立方米用氰酸钾 30 克,硫酸 45 克,水 90 毫升,熏蒸一小时。熏蒸前要关好门窗,先将硫酸倒入水中,然后再将氰酸钾倒入。一小时后将门窗打开,待氰酸气散发完毕,方能进入室内取苗。少量苗木可用熏蒸箱熏蒸。氰酸气有剧毒,要注意安全。

五、包装运输与储藏

(一)包装运输

苗木经检疫消毒后,进行包装调运。包装调运过程中要防止苗木干枯、腐烂、受冻、擦伤或压伤。苗木运输时间不超过一天,可直接用篓、筐或车辆散装运输,但筐底或车底须垫湿草或苔藓等,且苗木根部蘸泥浆。苗木放置时要根对根,并与湿草分层堆积,上覆湿润物料。如果运输时间较长,苗木必须妥善包装。一般用草包、蒲包、草席、稻草等包装,苗木间填以湿润苔藓、锯屑、谷壳等,或根系蘸泥浆处理,还可用塑料薄膜袋包装。包裹要严密。包装好后挂上标签,注明树种、品种、数量、等级以及包装日期等。

运输过程中要做好保温、保湿工作,保持适当低温,但不可低于0℃,一般以2~5℃为宜。

(二)苗木储藏

苗木储藏习惯称作假植。分临时性短期储藏与越冬长期储藏两种方式。临时性短期储藏可就近开沟,将苗木成捆立植于沟中,用湿土埋好根系。越冬长期储藏是指秋冬出圃到第二年春季栽植的苗木,应选避风背阳、高燥平坦、无积水的地方挖沟假植。南北向开沟,深50~80厘米,沟长随苗木数量而定。假植时,应除去包装材料,打开捆绳,摊开散置。苗干向南倾斜45度,整齐紧密地排放在沟内,摆一层苗(苗层不宜太厚),埋一层土,填土应细碎,使苗木根系与土壤密接,不留空隙。培土达苗木干高的1/3~1/2(严寒地区达定干高度),填土一半时,沟内灌水。对弱小苗木应全部埋入土中。假植地四周应开排水沟,大的假植地中间还应适当留有通道。不同品种的苗木,应分区假植,详加标签,严防混杂。运输时间过久苗木,视其情况立即将其根部浸水1～2天,待苗木根部吸足水分后再行假植,浸水每日更换一次。苗木假植期间要定期检查,防止干燥、积水、鼠及野兔等危害,发现问题及时处理。

参考文献

[1]肖家彪,秦娟.果树栽培技术[M].北京:知识产权出版社,2014.

[2]祝军.果树栽培技术:北方本[M].北京:中央广播电视大学出版社,2013.

[3]梁红.果树栽培实用技能[M].广州:中山大学出版社,2012.

[4]李会平,苏筱雨,王晓红.果树栽培与病虫害防治[M].北京:北京理工大学出版社,2013.